光子计数成像技术

尹丽菊　高明亮　潘金凤　著

科学出版社

北　京

内容简介

本书全面、系统地阐述光子计数成像技术的基本理论、方法及其应用。全书共五章，主要介绍微光成像技术发展及国内外研究现状、盖革雪崩光电二极管的电气特性和光学特性、盖革雪崩光电二极管的等效电路和探测电路模型、Si 盖革雪崩光电二极管和 InGaAs 盖革雪崩光电二极管在不同天气情况不同波段下的光电子数分布、蒙特卡洛方法建立的光子计数成像模型、光子计数成像实验平台的搭建、成像实验和图像处理算法的研究。由此将目标背景—环境干扰—辐射传输—成像传感器—成像平台—图像处理等作为完整成像链路呈现给读者。本书给出的完整模型、详尽仿真流程、光子计数成像平台的组成和图像处理的相关算法有利于读者实践光子计数成像技术的相关内容。

本书可以作为高等院校光学工程、电子科学与技术、信息与通信工程、控制科学与工程、计算机科学与技术等专业的研究生和高年级本科生的教材，也可为相关学科交叉融合领域的专业技术人员提供参考。

图书在版编目（CIP）数据

光子计数成像技术/尹丽菊，高明亮，潘金凤著．—北京：科学出版社，2020.10

ISBN 978-7-03-066463-1

Ⅰ.①光… Ⅱ.①尹… ②高… ③潘… Ⅲ.①光子-成像系统 Ⅳ.①TN941.1

中国版本图书馆 CIP 数据核字(2020)第 202023 号

责任编辑：刘　博 / 责任校对：王　瑞
责任印制：张　伟 / 封面设计：迷底书装

科学出版社 出版
北京东黄城根北街 16 号
邮政编码：100717
http://www.sciencep.com

北京盛通商印快线网络科技有限公司 印刷
科学出版社发行　各地新华书店经销
*
2020 年 10 月第　一　版　开本：720 × 1000　1/16
2021 年　1 月第二次印刷　印张：7 1/2
字数：170 000

定价：80.00 元

（如有印装质量问题，我社负责调换）

前　言

光电成像技术是适应信息社会需要而迅速发展的新兴分支学科，是目前光电技术发展的最高阶段。它主要研究如何实现和优化目标图像信息的接收、转换、处理、存储与显示，可以扩展人眼对微弱光图像的探测能力。因此，它在空间光学遥感、军事侦察、监视预警、成像制导、交通监控、医学影像、天文观测、水下勘探、机器人视觉、工业诊断与检测等军事和民用领域获得了广泛的应用。随着相关学科的进步和发展，光电成像技术领域也在不断地涌现出新思想、新器件、新技术，具体体现为：延伸成像波长响应范围；提高器件的灵敏度，以实现更低环境照度下的清晰成像；延伸探测距离；减小器件体积和功耗，扩展各种成像系统的应用范围。

本书从微光成像技术出发，讨论有关微光成像领域的基础知识、基本理论，简述典型微光成像系统的结构、工作原理、性能分析、设计思想等，详尽地介绍具有单光子探测能力的光子计数成像技术内容，使读者了解和掌握相关的理论知识。书中以光学图像、辐射图像的获取、处理与光电成像过程所涉及的相关理论和技术为主，涉及光电成像系统的建模、仿真、设计与实验，光电成像器件与系统的性能分析与测试，人眼、光源、辐射源和大气传输特性等内容，为实现更低照度下的微光成像探测，提供一种新的解决方案。

在本书编写过程中得到了山东理工大学电气与电子工程学院王炫、李英、于毅、王季峥、徐明博、宋昊、刘建思同学在校稿等方面的支持及帮助，在此一并表示感谢。

由于作者的水平和对光子计数成像技术的研究有限，书中的缺欠、遗漏之处在所难免，对此，诚恳地希望广大读者予以批评指正。

作　者

2020 年 4 月

目 录

第1章　绪　论

在夜晚环境中存在少量的自然光，如月光、星光、大气辉光等。它们和太阳光比起来十分微弱，所以称为微光。在微光条件下，人眼视网膜的感光灵敏度不高，造成人类在夜晚环境中不能正常观察。为了能在黑暗环境中不用照明也能看清周围景物，同时可以对其快速记录，使人眼的接收能力得以扩展，人类在探索和研究光电效应的进程中发展了微光成像技术。该技术直接利用微弱的自然光照明，由微光成像器件将来自目标的人眼不能或不易看见的反射辐射光进行光电转换和增强，处理成有足够亮度与清晰度的人眼可见的图像，弥补了人眼在空间、能量、光谱和分辨能力等方面的局限性。由于微光成像技术具有高探测灵敏度和光谱成像等特点，它在军事、工业与科学探测等领域得到了广泛应用。

1.1　微光成像技术发展概述

1873年，W. Smith首先发现了光电导现象，随后G. J. Planck于1900年提出了光的量子属性。1916年，A. Einstein完善了光与物质内部电子能态相互作用的量子理论。在相继的大量研究工作中，伴随着近代物理学的发展，建立起了半导体理论并研制出各类光电器件，开拓了人类进行微光探测的技术手段。

从20世纪60年代以级联式像增强器为代表的微光成像系统发展至今，实现微光观察的途径都是把来自目标的光信号转换成电信号，然后再把电信号放大，最终将电信号转换成人眼可见的光信号。在微光成像系统逐步发展期间，为了满足在探测灵敏度、成像速度、信噪比、功耗、体积和制作工艺等方面的更高要求，一些新型的微光成像器件和成像方法不断涌现出来。

1.1.1　微光像增强器成像技术

微光成像系统分为直视系统和间视系统。直视系统又称为微光夜视仪，其主要组成之一是实现光电转换和倍增的像增强器；间视系统也是在像增强器和电视技术相结合的基础上发展起来的。本书以实现光电转换与增强功能的器件为核心来阐述微光成像技术的发展。

1. 第一代像增强器

微光成像的发展可以追溯到 1936 年，P. GorLich 发明了锑铯(Sb-Cs)光电阴极。1955 年，A. H. Sommer 发明了锑钾钠铯(Sb-K-Na-Cs)多碱光电阴极。1958 年，光学纤维面板研制成功，此外，荧光粉的性能也有很大提高。在以上技术的基础上，1962 年，美国研制出了 PIP-1 型三级级联像增强器，即第一代像增强器，用其制成了第一代微光夜视仪，即星光镜(AN/PVS-2)。第一代像增强器的主要特点如图 1.1 所示，三个组件被机械地、光学地耦合在一起，并和高压电源的倍增部分一起密封起来。光电阴极采用多碱阴极，电子光学系统将从光电阴极逸出的光电子加速并聚焦到荧光屏上，形成增强的可见光输出图像。第一代像增强器的性能典型值如下：光电阴极灵敏度为 300μA/lm，850nm 处的辐射灵敏度为 20mA/W，亮度增益为 2×10^4～3×10^4cd/(m^2 · lx)，分辨率为 35lp/mm。第一代像增强器在低照度应用时具有增益高、成像清晰、不用照明源等优点。其观察距离较远，一般可达到 1500～3000m。但是，它在使用中怕强光，有晕光现象，需要 3 万余伏的高压电源。器件的尺寸和重量问题限制了其在轻武器上的装备和应用，现在只用于某些远距离微光观察装置。

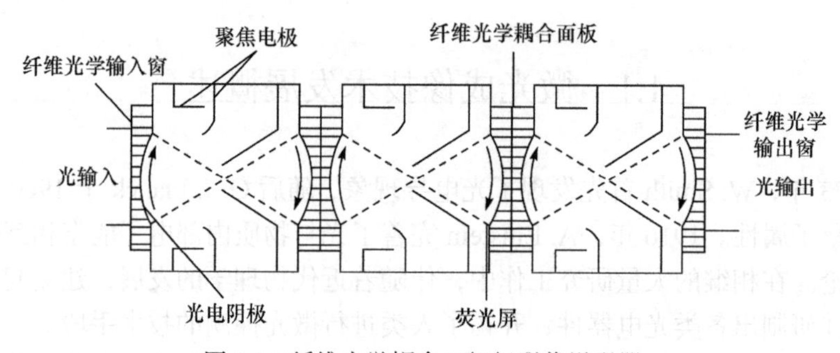

图 1.1 纤维光学耦合三级级联像增强器

2. 第二代像增强器

1962 年前后，微通道板(Micro-Channel Plate，MCP)电子倍增器研制成功。MCP 是由上百万个紧密排列的、具有较高二次电子发射系数的空心通道管构成的。两个端面镀有镍铬金属膜层，其外环是同样镀有镍铬金属膜层的由玻璃构成的实体边，平整的实体边可以提供很好的端面接触以便施加电压。其通道芯径间距为 6～12μm，长径比为 40～60。每个通道即构成了一个单独的连续打拿极倍增单元。MCP 必须工作于真空环境中，其工作机理如图 1.2 所示。入射在通道输入面的初始电子在电场作用下，利用通道内表层有一定能量的电子碰撞可产生二次电子的特性产生二次电子，二次电子在电场的作用下沿通道加速前进，经过重复多次的碰撞和电子倍增过程，最后在高电势输出面输出大量的电子。

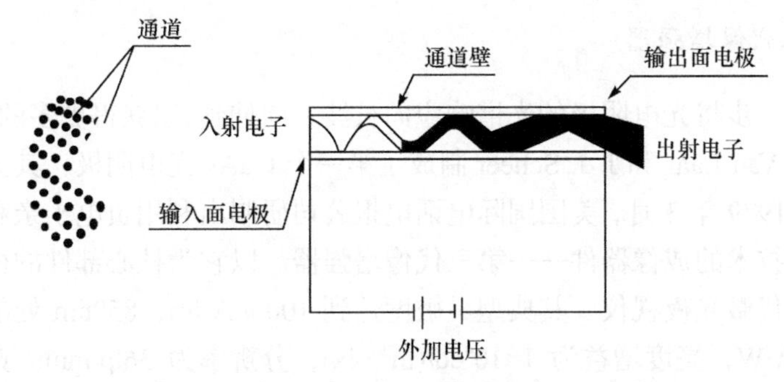

图 1.2 通道电子倍增过程

MCP 可以增强来自输入面每一单元的光电发射电流，并且依次倍增，增益可达到 10000 倍以上。此外，MCP 还具有功耗低、频带宽、寿命长及自饱和效应等优点。这大大激发了人们用单级管结构代替三级级联式像增强器的兴趣。1970 年研制成的实用器件——MCP 像增强器称为第二代像增强器。利用 MCP 的过电流饱和特性，并以 MCP 为核心部件的夜间观瞄器材称为第二代微光夜视仪。它从根本上解决了微光仪器的防强光问题。1982 年，在英国与阿根廷的马岛战争中，英军使用了此类夜视装备。

MCP 像增强器有两种结构形式，即双近贴式与倒像式，如图 1.3 所示。前者将 MCP 放在光电阴极与荧光屏之间，形成双近贴像增强器；后者则相当于在单级像增强器的荧光屏前面，加了一块 MCP。由倒像管配上自动亮度控制和防强光装置制成的第二代微光夜视仪具有增益高、像质好、观察距离远等优点。MCP 像增强器的商用水平典型值如下：光电阴极灵敏度为 250～300μA/lm，850nm 处的辐射灵敏度为 20mA/W，亮度增益为 5000～1.7×10^4cd/(m$^2\cdot$lx)，分辨率为 30～32lp/mm。MCP 像增强器与第一代微光夜视仪的根本区别在于：前者是采用高强度的静电场来提高电子能量，并将其作为主要的增强手段；而后者则是将 MCP 的二次电子倍增作用作为主要的增强手段。一只 MCP 像增强器的增益可达到三级级联像增强器同样的水平，因而大大地减小了仪器的体积和重量。

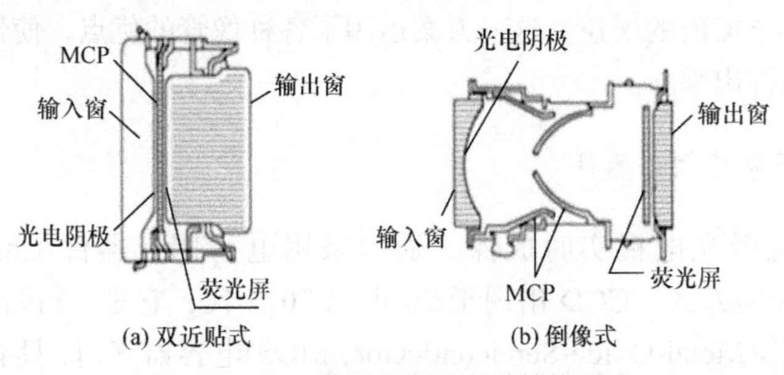

图 1.3 MCP 像增强器的两种结构形式

3. 第三代像增强器

为了进一步将光电阴极的光谱响应向长波方向伸延，以获得更多的目标信息，1965 年，J. Van Laar 和 J. J. Scheer 制成了第一个 GaAs 光电阴极，其灵敏度高达 500μA/lm。1979 年 3 月，美国国际电话电报公司研制出利用负电子亲和势光电阴极和 MCP 技术的成像器件——第三代像增强器。以它为核心部件的夜间观瞄器材称为第三代微光夜视仪。其典型灵敏度达到 1000μA/lm，850nm 处的辐射灵敏度为 100mA/W，亮度增益为 1×10^4cd/(m^2 · lx)，分辨率为 36lp/mm。典型产品如美国的 AN/AVS-6 微光夜视眼镜，也称为飞行员夜视成像系统。

第三代像增强器的特点是，采用负电子亲和势光电阴极。负电子亲和势光电阴极的受激电子向表面迁移的过程与一般光电阴极不同。一般正电子亲和势光电阴极中只有过热电子迁移至表面才能形成光电发射，而负电子亲和势光电阴极中全部受激电子都可参与光电发射，哪怕是处于导带底部的电子，只要在没被复合前能扩散到表面，就可能逸出。在寿命时限内，其扩散至表面的有效逸出深度可达数微米，而普通多碱阴极只有几十纳米，故其量子效率显著提高。此外，负电子亲和势光电阴极所形成的光电发射的电子大多处于导带底部，其逸出光电子的动能分布比较集中。由于其逸出深度较大，故光电子出射角散布较小，大都集中于光电阴极的法线方向；再加上其暗电流小，所有这些都有利于降低电子光学系统的像差，从而有效地提高像增强器的分辨力和系统的视距。第三代微光夜视仪观察距离比第二代提高了 1.5 倍以上。砷化镓光电阴极光谱响应波段明显向长波区延伸，同时在响应区内响应值变化很小，所以该像增强器的光谱响应较宽，有些长波阈可达到 1000nm 左右。三代管在性能上虽然有很大的改进，但是制作工艺复杂，研制周期长，价格昂贵。

为了进一步解决在极低微光下的应用问题，还出现了杂交管的方案。它是以二代薄片管或三代管为第一级，单级一代管作为第二级相耦合的组合式像管。它的优点是可以获得很高的增益，但为了寻求信噪比与增益之间的最佳折中方案，从而适当减小 MCP 的增益。这一方案运用了各种像管的优点，使器件的增益和信噪比充分发挥出来。

4. 像增强电荷耦合器件

为了实现微光电视实时成像，通常采用电荷耦合器件(Charge Coupled Device，CCD)的方式。CCD 出现于 20 世纪 70 年代，它是一行行排列的金属-氧化物-半导体(Metal-Oxide-Semiconductor，MOS)电容器阵列，具有储存和转移电荷信息的能力。对于每一单元的 MOS 结构来说，光激发产生的电子被积累在光敏元的势阱中。势阱中电荷包的大小与入射到光敏元的光强成正比，也与积分时间成正比。将像增强器通过纤维光锥或者中继透镜耦合到CCD上制成像增强CCD(Intensified Charge Coupled Device，ICCD)，如图1.4所示，由CCD把通过像增强器增强了的光子图像转换为对应的电子图像，经读出电路输出。普通的CCD只能在1lx以上的条件下才能工作，借助像增强器的图像增强功能，大大提高了CCD的工作光照范围。值得注意的是，微光ICCD系统的MCP和CCD读出的结构产生的噪声占ICCD整个摄像系统噪声的80%以上，如何消除上述噪声是需要攻克的技术难点。此外，MCP与CCD耦合时，其响应频谱和所有像素现在还无法做到最佳匹配与完全耦合，图像失真不可避免。

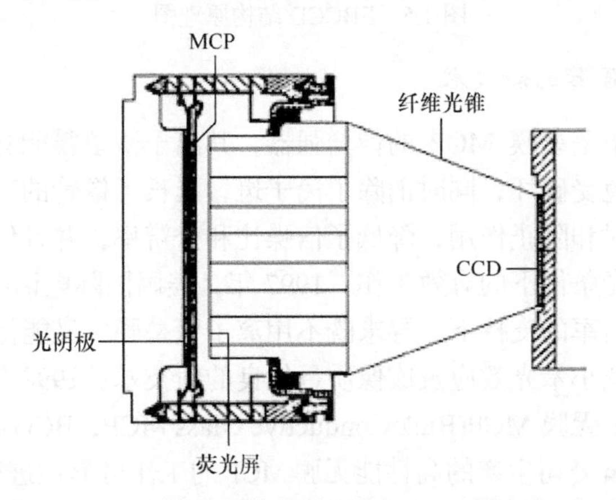

图1.4　通过纤维光锥将像增强器与CCD耦合的ICCD

5. 电子轰击CCD

背照式CCD(Back-Illumination CCD，BCCD)通过减薄方法去除CCD基片的大部分硅材料，仅保留含有电路器件结构的硅薄层。在像增强器内用对电子灵敏的BCCD代替通常的荧光屏而构成电子轰击CCD(Electron-Bombardment CCD，EBCCD)，如图1.5所示。它不需要MCP、荧光屏和纤维光学耦合器，从而使成像链的环节减到最小。EBCCD的工作原理是入射光子打在光电阴极上转换成光电子，光电子被加速后，从CCD背面无须通过多晶硅电极，即可进入CCD并聚焦在CCD芯片上，在CCD光敏元上产生电荷包。当积累结束时，电荷包转移输出成像，避免了在集成MOS电路的绝缘层中的能量损失与充电效应，克服了通常的前照明CCD的性能限制。它能够几乎无噪声地提供高于3000的电子轰击半导体增益。因为要将CCD封装在管内之后制作光电阴极，所以装架困难。同时，CCD在电子的直接轰击下使暗电流和漏电流增加，使用寿命也随之下降。

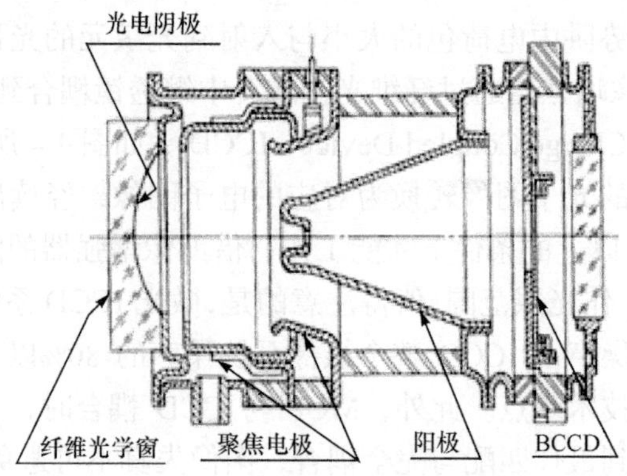

图 1.5　EBCCD 结构原理图

6. 基于像增强器的新技术

采用带有离子壁垒膜 MCP 的像增强器，其离子壁垒膜能有效阻止正离子反馈，使光电阴极免受破坏，同时消除了离子斑，延长了像管的工作寿命。但是由于其对电子的散射和阻止作用，降低了信噪比和分辨率，并且仍存在晕光效应，影响了像管在微光条件下的有效工作。1997 年，美国国际电话电报公司和 Litton 系统公司在美国陆军的支持下，寻求既不用离子壁垒膜，又能保护光电阴极不受破坏，同时，能减小晕光效应及成像质量优良的新技术。1998 年，Litton 系统公司首先成功研制了无膜 MCP(Bulk Conductive Glass MCP，BCG-MCP)像管，并对有膜MCP和Litton公司生产的高性能无膜MCP的工作可靠性进行了大量的实验。实验结果表明无膜 MCP 的工作寿命和电特性已达到有膜 MCPⅢ代的水平。根据图 1.6 所示的成像实验结果,无膜 MCP 的成像质量较有膜 MCP 得到了很大改善。其关键技术涉及了新型高性能的无膜 MCP、光电阴极与 MCP 之间采用的自动脉冲门控电源和无晕成像技术等。2000 年，美国陆军已对 Litton 系统公司的该类像管进行了合格检验实验，并将其用于 M4A1 卡宾枪的夜视瞄具中，认可了其所产生的质的飞跃，同时将其命名为Ⅳ代微光像增强器。由于在电源模块中加入了自动门控功能，像管可以在极暗至拂晓或者黄昏大范围照度内很好地工作，整管的分辨率达到 64lp/mm 以上。

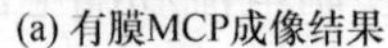

(a) 有膜MCP成像结果　　(b) BCG-MCP成像结果

图 1.6　有膜 MCP 与 BCG-MCP 的成像结果比较

为了使光电阴极的光谱响应向红外波段延伸，出现了两种光电阴极微光像增强器。一是长波响应延伸到近红外(0.9～1.06μm)的 InGaAs/InP 传输电子近红外光电阴极微光像增强器，其光电阴极在近红外区域能保持较高的灵敏度，在 1μm 处的量子效率接近 8%；二是采用复层结构的复合热红外光电阴极，它由 PbSnTe/PbTe 异质结外延层光电二极管列阵和金属-半导体-金属冷阴极电子发射体两部分构成，器件的长波响应可延伸到中红外(3～5μm)和远红外(8～14μm)波段。

由像增强器构成的微光成像器件最明显的特征是采用了真空器件实现微光的光电转换和增强。真空器件的固有缺陷限制了该类器件性能的进一步提高。为了克服真空器件的某些不足，近年来，微光固态成像器件有了快速的发展。

1.1.2 微光固态成像器件

1. 电子倍增 CCD

电子倍增 CCD（Electron Multiplication CCD，EMCCD）技术，也被称作片上增益技术，接收的入射光信号在一块基于硅的半导体芯片上完成了光电转换、电子倍增功能，是一种应用全固态器件实现微弱光信号探测和增强的技术。

EMCCD 的基本结构如图 1.7 所示，主要包括感光区、存储区、读出寄存器、倍增寄存器和输出放大器五部分。入射光到达感光区光敏面，经光电转换成为信号电荷，信号电荷被移动到存储区中，由读出寄存器将电荷一行一行地按顺序移动到倍增寄存器，信号电荷在倍增寄存器中进行电子倍增，最后通过输出放大器转换为电压信号输出，送至显示设备显示图像。

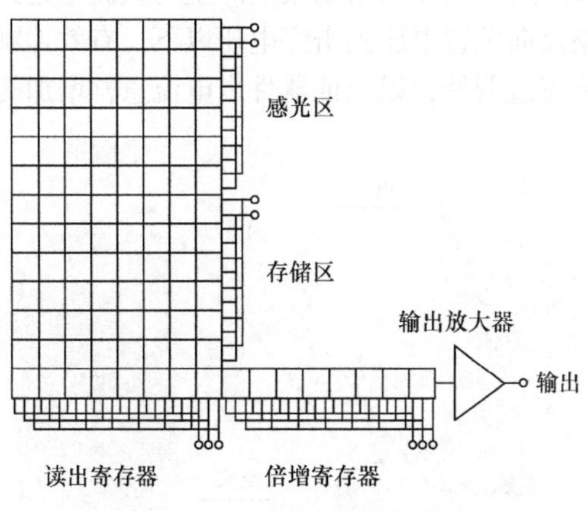

图 1.7 EMCCD 的基本结构

从 EMCCD 的工作过程可以看出，在倍增寄存器中，信号电荷在高偏置电压下与硅晶格发生碰撞电离，激发出新电子，实现了信号电荷的倍增和放大。虽然每一个单元的增益非常小，一般为 0.01～0.015，但是读出寄存器后接有一串倍增寄存器，单元格的数量较多，常达数百个，最终增益相当可观，大约为 1000 倍。因此，EMCCD 可以在很低的照度状态下工作，记录单个光子。同时，EMCCD 的工作机制完全不同于上述各类微光成像器件。信号的放大是在器件内部，利用载流子运动过程中的碰撞电离实现的。但是，EMCCD 在对信号增强的同时也放大了暗电流噪声。降低暗电流噪声除了选用专门的科学级 CCD 芯片外，还要对芯片进行制冷。由此其对探头的真空密封性要求很高，若真空密封性不佳，进入探头内的气体将显著影响 CCD 芯片的性能和寿命，还会大大影响制冷效果，制冷器功耗成倍增长，散热压力也随之急剧升高。此外，探头内的气体作为导热介质会将 CCD 芯片的低温传至入射窗，使得窗口结露，在这种情况下探头内部包括 CCD 芯片上都会出现水汽凝结，从而严重损害芯片。

2. 雪崩光电二极管及雪崩光电二极管阵列

雪崩光电二极管(Avalanche Photodiode，APD)是利用半导体结构中载流子的碰撞电离效应制作的固体器件。当 APD 处于反向偏置状态时，随着外加电压的增大，会引起电流的急剧增大。特别是当 APD 的反向偏置电压高于击穿电压，即 APD 工作在盖革模式(Avalanche Photodiode in Geiger Mode，GM-APD)时，光生载流子可以在结区强电场中获得足够的能量，能够碰撞晶格原子使其电离，从而产生新的电子-空穴对。新的电子-空穴对获得能量再碰撞，如此循环过程的连锁反应最终导致光电流的雪崩式放大，如图 1.8 所示，图中 N 为 N(negtive)型半导体；P 为 P(positive)型半导体。当雪崩效应产生的载流子达到线性范围的最大值时，由控制电路调整反向偏置电压到击穿电压以下，有效抑制 APD 内的雪崩效应，避免过量的电流流过器件，以保证器件内电流急剧增加的区域不会损坏。

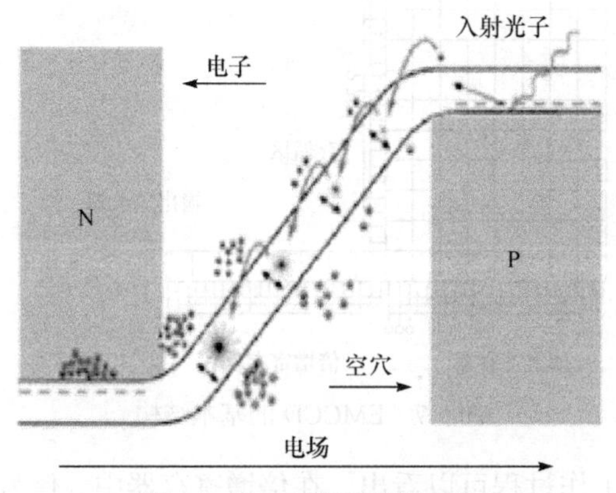

图 1.8 APD 雪崩倍增过程

与基于外光电效应的器件相比，基于内光电效应的 APD 的灵敏度将大大提高，可以达到单光子数量级探测。特别是近年来以盖革模式浅结工艺为基础的 APD 已经成为一种成熟的技术。例如，爱尔兰 SensL 公司的 APD 性能参数如表 1.1 所示。盖革模式浅结 APD 不仅具有优良的特性，它的制造工艺还与标准的 CMOS(Complementary Metal Oxide Semiconductor)工艺兼容。因此，器件可制成单片阵列，同时与读取电路完全集成，制成 APD 阵列。在阵列中，APD 完成一次有效探测后，读出电路迅速将 APD 的信号读出，并将该信号进行预处理。最后，信号处理电路将对探测器信号进行图像处理和对多维信息进行融合，形成目标的二维强度矩阵，并产生三维图像。图 1.9 所示为 APD 阵列的像素布局和阵列的设计。APD 阵列是由一系列像素组成的，每个像素包括 GM-APD、抑制电路、计数器和读出缓冲器。APD 阵列通过标准 CMOS 工艺制造具有数字化设计的结构。

表 1.1 器件性能参数对照表

型号	日本滨松 H7421-40 PMT	珀金埃尔默 SPCM	爱尔兰 SensL 公司 GM-APD	英国 Andor Technology 公司 iXon65 EMCCD
像素直径	5mm	175μm	20μm	20μm×30μm
像素数	1	1	1～10	576×288
光谱范围/nm	300～720	400～1100	400～850	400～1100
峰值量子效率/%	40@500nm	73@700nm	43@650nm	45@500nm
暗计数/cps	40～100	25～500	10～2000	<1e

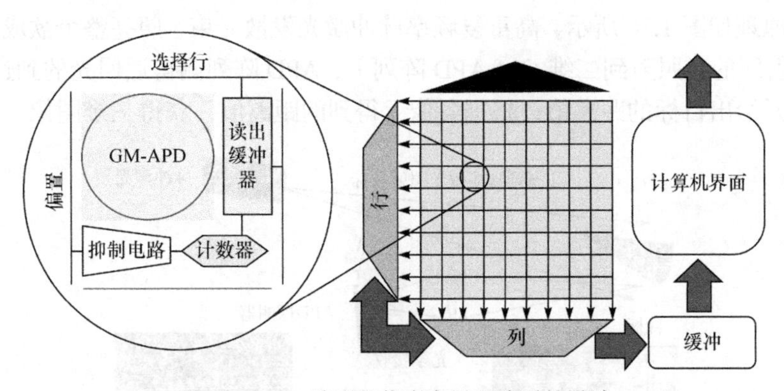

图 1.9 APD 阵列的像素布局和阵列的设计

工作在盖革模式下的浅结 APD 及 APD 阵列具有全固态结构、增益高、体积小、重量轻、功耗低、工作稳定性好和光谱响应范围宽的特点，并且由于其雪崩过程速度快，载流子漂移距离近，不易受到外界电磁场的干扰，非常适合于微弱光信号的探测。它在量子光学、光谱学、光学传感器等实验研究方面和通信、军工等领域有着重要的应用前景。

1.2　国内外研究现状

GM-APD 所具备的单光子探测能力和全数字化的成像机理，使其具有极微弱光成像、分谱成像、主被动复合成像的能力，加之其量子效率高、抗干扰能力强、体积小、无须在高压下工作等特点，应用 GM-APD 代替传统光电成像器件构成成像系统，为微光成像系统增添了一种高灵敏信息探测手段，这无疑将增强微光成像系统的感知能力。鉴于 GM-APD 的超高灵敏度在军事、高速通信、光谱学、荧光探测和生物医学等领域具有重要用途，各国都投入了大量精力开展这方面的研究。

在分立 GM-APD 的技术逐渐成熟后，美国麻省理工学院林肯实验室的研究者提出并采用桥接集成技术成功地研制了 GM-APD 阵列。桥接的处理是先将加工好的探测器阵列和电路阵列面对面连接，再将探测器阵列的基底用电化学方法腐蚀掉，然后将各电路的接头部分刻蚀出来，最后将露出的电路接头和探测器接头通过定位金属连接方式分别连接。除了对器件的研究，美国国防部和美国空军一直资助林肯实验室进行适用于弹道导弹防御的三维成像技术，而这项技术的核心就是基于 APD 阵列的三维激光成像雷达系统。林肯实验室研制出的 Gen-III 脉冲三维成像激光雷达系统采用 32 像元×32 像元的 GM-APD 阵列探测器，阵列的每个面元上都耦合了高速 CMOS 计时电路，用于确定光子的到达时间。该系统具有单光子探测灵敏度，3cm 范围的探测精度和可调的角分辨率，距离分辨率为 15cm。其成像原理如图 1.10 所示，高重复频率脉冲激光发散光束，照亮整个欲成像的目标。反射回的光照射到二维 GM-APD 阵列上，APD 阵列测得返回光的到达时间，每个像元给出目标的距离值，根据各像元得到的距离值，获得三维图像。

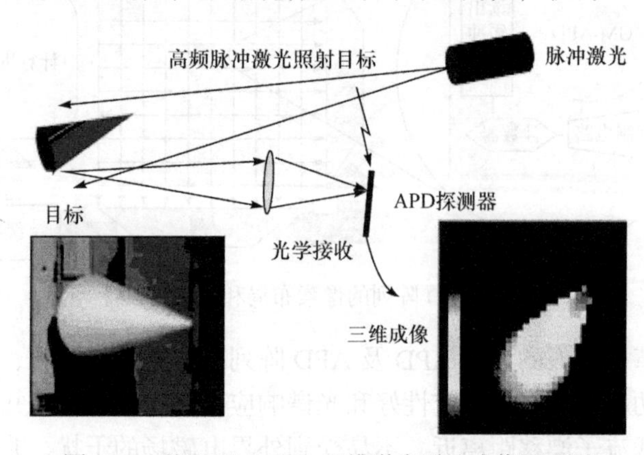

图 1.10　基于 GM-APD 三维激光雷达成像原理图

图 1.11 为采用 Gen-III 脉冲三维成像激光雷达系统拍摄的美国埃格林空军基地的三维图。该图像高低向 8mrad，方位向 60mrad，可以旋转至任意方向进行观察。目标轮廓清晰，很容易与背景区分开。飞行实验证实其对地面伪装目标和隐蔽目标具有良好的探测、识别能力。由于 APD 采用盖革工作模式，具备光子探测能力，系统作用距离远，灵敏度高，加之对激光器发射功率的要求大大降低，系统小型化容易实现，具备了在军事和民用领域大规模应用的条件。

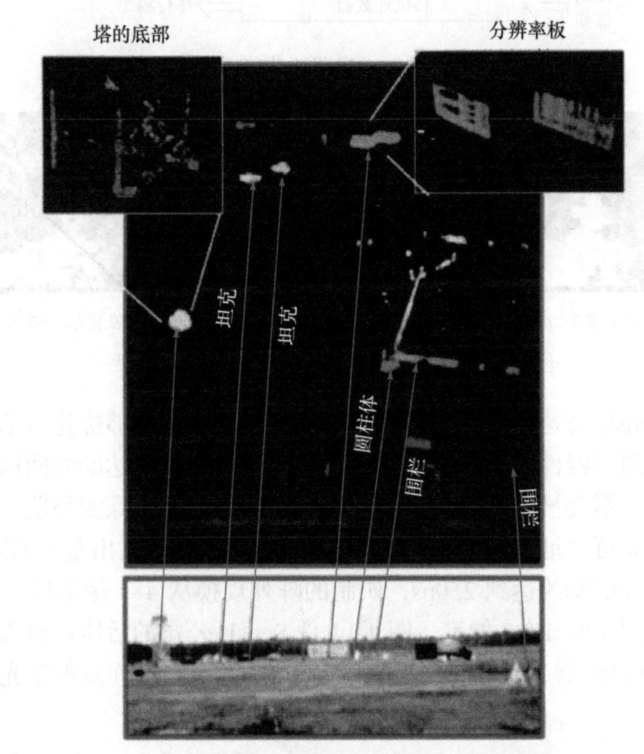

图 1.11 Gen-III 脉冲三维成像激光雷达系统实验效果图

2006 年，瑞士的 Cristiano Niclass 等发表了基于 CMOS GM-APD 技术的成像器。该成像器用 0.8μm 的 CMOS 工艺制造，包含有 1024 个像素，每个像素的尺寸为 58μm×58μm，整个芯片的尺寸为 2.5mm×2.8mm。因为不需要 A/D 转换器，并且每个像素的输出为数字型信号，放大器、采样保持和其他的模拟处理电路都不需要，器件的构成降到了最简单。成像器功能框图如图 1.12 所示，由 32×32 的 GM-APD 阵列、32-1 的多路复用器、15 位的计数器、5 位的解码器和电源等组成。该成像器的实验效果如图 1.13 所示。

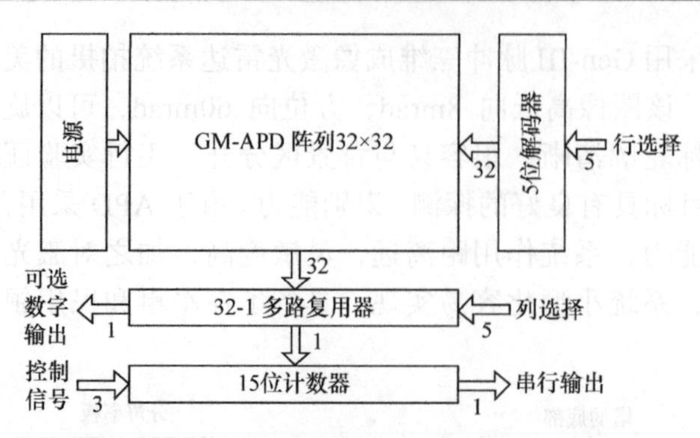

图 1.12　成像器的功能框图

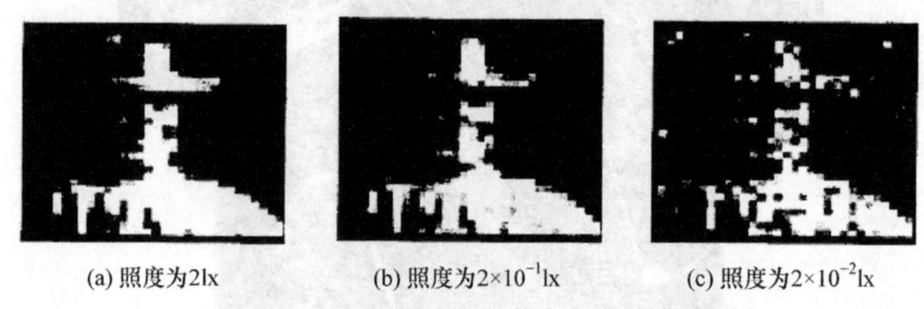

图 1.13　不同照度条件下成像器的成像结果

爱尔兰 SensL 公司开发了基于可兼容 CMOS 工艺，能够优化盖革工作模式的硅 APD 及阵列。器件具有单光子灵敏度，能获取光子到达的时间信息。同时，其工作电压低，不会被强光破坏，集成度高，适用于微光探测环境。阵列中每一个像素都是独立可寻址的，将它们与抑制电路集成从而研发出基于 GM-APD 的成像器。其时间分辨率约达到 250ps，研制的阵列规模从 4×4 像素增大到 32×32 像素，最终将达到 100×1000 像素。图 1.14 是 SensL 公司的活体可植入探测设备。它把 GM-APD 探测器、无线遥测平台和最新技术的垂直腔面发射激光器集成在一

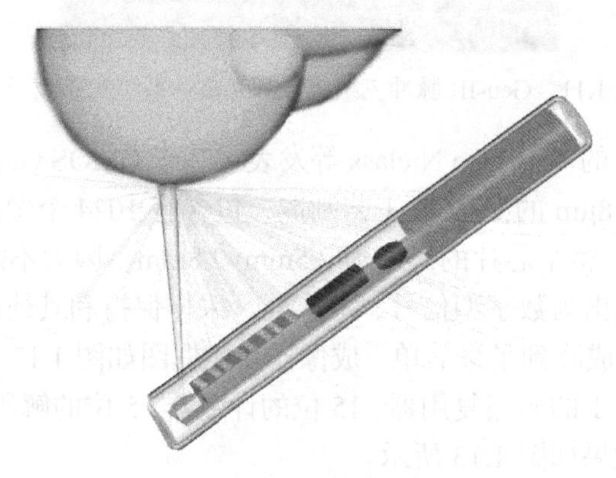

图 1.14　活体可植入探测设备

个直径为 2mm、长度为 18mm 的玻璃管中。活体系统提供了生物过程的实时监测。植入的探测器将会给出用来诊断的定量信息。该植入过程把对活体的破坏性降为最低。医师可以把设备植入肿瘤或者靠近肿瘤的位置，收集有关治疗方案的数据。肿瘤的反射辐射剂量测量后被传到监视器中。医生可以根据这些数据来决定下一步的治疗方案。

国外在 GM-APD 器件的研究正朝着大规模阵列方向发展，努力使新研制出的器件具备低噪声、微型、高精度和低功耗的特性。利用 GM-APD 的成像系统设计尽量缩短 APD 的死时间，使它适应高动态范围，同时发展图像处理技术以最终实现 GM-APD 在微光成像领域的工程化应用。

国内在研制 GM-APD 探测器方面，已经有一些高校和科研院所的研究人员进行了尝试性的工作，包括华东师范大学的陈修亮、华南师范大学的廖常俊、广东工业大学的周金运、中国科学院物理研究所的孙志斌、中国科学院半导体研究所的刘伟等。陈修亮、周金运等还将 GM-APD 应用于量子保密通信系统。陶源等结合 APD 和紫外通信的特点，提出了一种在紫外通信系统中应用 APD 的方案，可以从微弱紫外线信号中提取信息，以期对紫外通信的深入研究和紫外 APD 的研制提供一定的参考。哈尔滨工业大学的王飞、华南师范大学的王金东等侧重于对 APD 器件在通信领域理论模型的设计和系统参数对单光子探测器测试指标影响的理论分析。国内针对 GM-APD 在微光成像领域的应用研究很少，只有少量的综述性论文。

1.3 光子计数成像技术的意义

对微光像增强器而言，接收入射光的光敏面在给定波长上的量子效率表明了器件在微弱光环境中探测目标光子的能力。相同的入射光条件下，光电阴极的量子效率越高，其提供的光电转换信号越强，越能把微弱信号探测出来。但是，信号伴随着噪声，大的噪声甚至会湮没信号。因此，对微光成像器件来说重要的不仅仅是信号，还有信噪比。在弱光成像系统中，除了固有的微弱光信号伴随的光子起伏噪声和成像器件自身的热噪声外，还有器件的暗电流噪声、应用 MCP 存在的离子噪声和应用 CCD 引入的读出噪声等。因此，噪声是制约现有微光成像系统极限工作性能的关键因素。GM-APD 具有单光子探测灵敏度和较小的暗电流，将它应用于微光成像系统中，采用数字输出方式的光子计数成像技术可以进一步降低 GM-APD 的暗电流噪声，提高成像系统的信噪比，为实现微光成像系统在更低照度条件下的成像探测提供了一种有效的途径。

开展基于 GM-APD 光子计数成像技术的新器件和新成像方法的研究,突破现有成像器件的技术瓶颈，实现更低照度下的微光成像探测，具有重要的现实意义和应用价值。通过研究，可以更好地掌握 GM-APD 的电气性能和光学特性，从而有针对性地开展 GM-APD 微光成像机理,以及影响图像质量和系统性能的成像电子学的研究工作，包括高性能抑制电路的设计、GM-APD 的建模、电路器件参数对响应时间和输出特性的影响等。设计并建立以 GM-APD 为探测核心的光子计数成像实验平台，确定硬件和软件设计方案，实现在夜天光等低照度条件下的目标被动成像探测，为研制高灵敏度、高信噪比的微光成像系统打下坚实的理论基础和科学合理的设计方案。

1.4 本书的内容安排

本书主要介绍 GM-APD 作为探测器的光子计数成像技术。侧重于介绍 GM-APD 电气和光学特性、夜天光辐射光子数分布和 GM-APD 接收光子产生的光电子分布，GM-APD 光子计数成像模型，GM-APD 的光子计数成像实验平台和借助平台进行的微光成像实验。本书的内容安排如下。

第 1 章以实现光电转换与信号增强功能的器件为线索，从器件的结构和工作过程入手，阐述了微光成像技术的发展和其技术特征，以及 GM-APD 在微光成像应用中的国内外现状，了解到国内在该领域与国外的巨大差距。为了缩小与国外先进水平的差距，实现微光成像系统在更低照度条件下的成像探测，肯定了在微光成像中进行 GM-APD 应用研究的重要性和迫切性。

第 2 章介绍 GM-APD 的工作模式和其典型结构，GM-APD 具有高探测效率的化学和物理基础。根据 APD 的碰撞电离效应，建立 GM-APD 的等效电路模型和探测电路仿真模型。通过电路仿真，突出 GM-APD 的主要电气特性，以及为了达到预期探测需求所采用的抑制电路。形象地分析电路参数的变化对 GM-APD 输出特性的影响。

第 3 章描述不同天气条件下夜天光光子辐射出射度的光谱分布特点，计算单位面积、单位时间内不同波长下夜天光辐射的光子数。为了充分利用夜天光辐射，根据 GM-APD 的器件参数定量分析 Si GM-APD 和 InGaAs GM-APD 接收不同天气情况不同波段的光子流，经过光电转换后得到的光电子数分布。

第 4 章利用统计光学理论研究微光环境下探测器输出信号的特点，将输出信号看作随机事件，根据概率论的随机过程，得到不同光强情况下的光子计数输出。引入蒙特卡洛方法并结合 GM-APD 的电气和光学特性建立光子计数成像模型，经过仿真得到较好的成像效果图，理论上验证利用 GM-APD 进行微光成像的方案及由 GM-APD 构成的光子计数成像系统的正确性和可行性。

第 5 章介绍基于 GM-APD 的光子计数成像实验平台的设计和搭建。在微弱光环境下，利用平台得到质量良好的光子计数图像。通过调整扫描参数和外界光照条件，分析照度和扫描时间对成像质量的影响，说明基于 GM-APD 的光子计数成像技术是切实可行的，而且它在提高微光成像探测灵敏度方面具有很大的研究价值。

第 2 章　GM-APD 的建模与仿真

2.1　引　　言

APD 是借助电场作用使结型半导体产生载流子雪崩倍增效应即内增益的一种高灵敏度光电器件。为了实现单光子探测，将 APD 设置在盖革模式下工作，即其反向偏置电压高于击穿电压的工作方式。当入射光子的能量被吸收产生电子-空穴对后，这些载流子在渡越耗尽区时将会被强电场加速而获得极大的动能，碰撞半导体的晶格使之电离产生二次电子-空穴对，这些二次电子-空穴对又被加速产生更多的电子-空穴对，从而形成载流子的雪崩倍增效应。为此选择 GM-APD 作为微弱光环境下使用的光电探测器。

GM-APD 之所以具有这种电气特性，与构成器件的半导体材料的性质密不可分。半导体的基本化学特征在于原子间存在饱和的共价键。例如，在硅半导体中，每个原子具有 4 个价电子，如图 2.1(a)所示，在称为共价键的成对组态中，每个原子将其 4 个价电子全部贡献出来与周围的 4 个相邻的原子共享。以共价键结合的晶体中没有自由电子。在温度为绝对零度的理想情况下，电子被束缚在原子周围，它们不能导电。

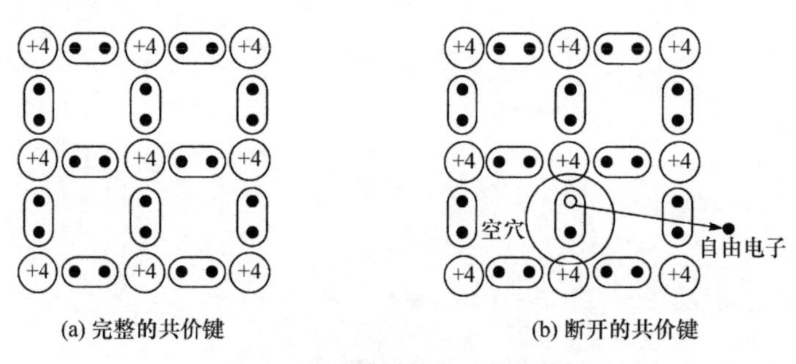

(a) 完整的共价键　　(b) 断开的共价键

图 2.1　硅晶体结构的二维示意图

当半导体材料受到温度、光照、磁场和电场等因素的改变时，其电导率将发生重大的改变。如图 2.1(b)所示，在外界激励的情况下，当半导体材料受到热激发或光激发时，构成共价键的电子能量增高，可以从半导体中释放出来成为自由电子，便在共价键中留下一个空位。这个空位可被它近邻的一个价电子填充，这样就会造成空位的移动。从而，可以认为空位在晶体结构内运动着。因此，可以把这种空位看成与电子相似的一种粒子，这种虚构的粒子称为空穴。空穴带有一个正电荷，在外电场的作用下沿着与电子运动相反的方向运动。该情况下，半导体内部有一定数量的载流子，具有电流传输的能力。

半导体的导电特性很大程度上取决于半导体的能带结构。组成半导体的原子相对位置和类型形成的周期势能建立了能带结构。固体的能带理论来源于具有周期势能的晶格电子复杂量子机制的相互作用。与真空中的电子不同，在固体中电子只能取限定的能量值。由允许能级组成的一些能带被不可能存在电子的禁止能隙分隔开。每个允许的能带包含有限的状态数，它们能够容纳一定数量的电子。在半导体中，价电子合在一起，占据着一个由能级组成的能带，称为价带。下一个较高的允许能级的能带，称为导带，它与价带被禁带宽度 E_G 分隔开，如图 2.2 所示。该理论的重要结果是根据泡利不相容原理，在允带中存在电子，允带被禁带分开，禁带中不存在载流子。根据费米统计的一般原理，电子总是以较大的概率占据能量较低的状态，导带中的电子主要处于导带底部，而价带中的空穴则主要处于价带顶部。

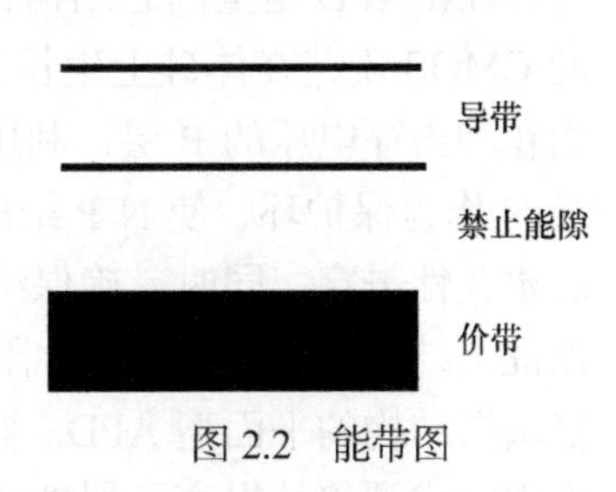

图 2.2　能带图

光和物质的相互作用就是光子与原子的相互作用，它是一种物理过程。在硅中材料的禁带宽度 E_G=1.12eV。用光照的激励方法增加能量，提供的能量必须使填充在价带中的电子获得足够的能量越过禁带到达导带。考虑导带能级与价带能级之间的受激吸收过程，发生这一过程所需的光子频率应满足

$$hf \geqslant E_2 - E_1 > E_G \tag{2.1}$$

式中，h=6.63×10^{-34}J · s，为普朗克常数；f 为入射光的频率；hf 为一个光子具有的能量；E_1、E_2 分别为可能的最高价带能级和可能的最低导带能级。

电子由价带向导带每次成功跃迁，都在价带中留下一个空穴。换言之，在能带图中，空穴就是价带中未被占据或是空着的能级。当有外加激励之后，导带中的电子得到动能，形成电子流。与此同时，价带中的空穴也从外加激励中得到动能。因此，半导体中可以通过两种不同而且独立的机制产生电的传导：导带中电子的输运和价带中空穴的输运。

2.2　GM-APD 的结构

典型的 GM-APD 结构如图 2.3 所示，该结构为吸收倍增分离型 APD。

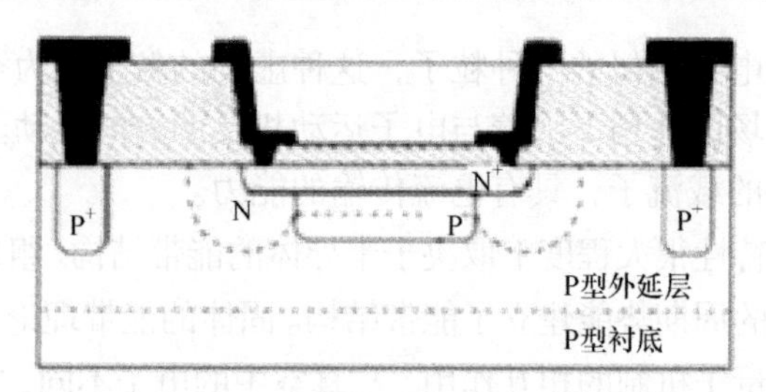

图 2.3　典型的 GM-APD 结构

GM-APD 是全固态结构，它是在 5～15μm P 型衬底中制成的。用传统的 1.5μm 的 CMOS 工艺在体硅上生长 P 型外延层，通过离子注入的方式形成决定器件光敏面积和击穿电压的 P 层，利用扩散工艺形成 N^+区，并在 N^+区与 P 区间扩散轻掺杂 N 作为保护环，使 N^+P 结的边缘电压降低，以防止在高反向电压时 PN 结边缘的永久性击穿，同时，确保结击穿限制在 APD 有效区域的中心位置而不是边缘，保证了结击穿时的均匀性。阳极由 P^+注入形成。以上工艺可以将器件做成具有薄倍增层结构的平面型 APD。器件在薄的基底上制作，这可以使载流子在较短的距离内完成漂移，提高了器件的响应时间。雪崩效应产生的高增益使得 APD 不需要通过二次电子发射来完成光电子的倍增，因而其工作电压低，小于 35V，功耗较小。

器件所具有的高速时间响应特性使得精确测定光子到达时间成为可能，这促使许多先进技术，如微光探测、激光雷达和时间相关单光子计数得以实现。此外，由于器件的全固态结构，它可以与读取电路完全集成，还可以与其他功能器件和逻辑元件单片集成。这使得整个探测系统大幅缩减尺寸、减轻重量、简化结构。由内光电效应引起的光电流倍增，可以大大提高器件的探测灵敏度，提高光能的利用率。

2.3　APD 的工作模式

1953 年，K. G. Mckay 和 K. B. McAfee 报道了锗与硅的 PN 结在接近击穿时的光电流倍增现象。1955 年，S. L. Miller 指出了在突变 PN 结中，载流子的倍增因子 M 随反向偏压 V 变化的经验公式。当外加偏压非常接近击穿电压时，二极管获得很高的光电流增益。PN 结在任何小的局部区域的提前击穿都会使二极管的使用受到限制，因而只有当一个实际的器件在整个 PN 结面上高度均匀时，才能获得高的、有用的平均光电流增益。因此，从工作状态来说，APD 实际上是工作于接近(但没有达到)雪崩击穿状态的、高度均匀的半导体光电二极管。1965 年，K. M. Johnson 及 L. K. Anderson 等分别报道了在微波频率下仍然具有相当高光电流增益的、均匀击穿的半导体 APD。从此，APD 作为一种新型、高速、灵敏的固态光电探测器件渐渐受到重视。1971 年，L. K. Anderson、M. B. Fisher 和 K. M. Johnson 等提出了用 APD 的盖革模式作为粒子探测器。

APD 有三种工作模式：光电二极管模式、雪崩模式和盖革模式，如图 2.4 所示。

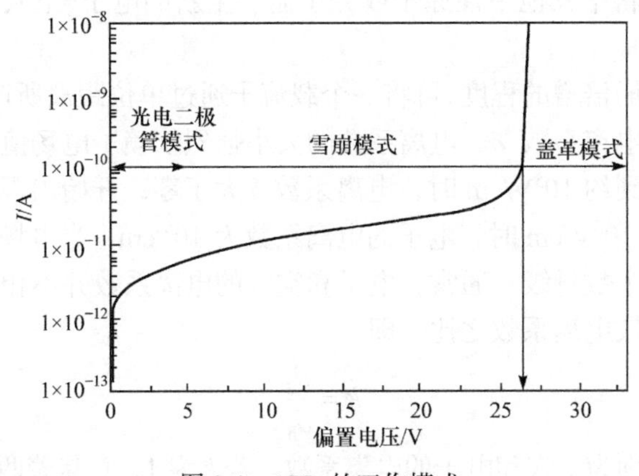

图 2.4 APD 的工作模式

2.3.1 光电二极管模式

当 APD 外加反向偏置电压 Vbias 为 1～5V 时，由于反向偏压较小，本征层未耗尽，不会发生碰撞电离，器件工作于光电二极管模式。该模式下，输出电流在皮安数量级，所以只能用来探测光照较强的信号。因为光电二极管模式器件无增益，需要接入外部放大器将探测器输出信号放大到可以测量的等级。

2.3.2 雪崩模式

提高 APD 的反向偏置电压且低于击穿电压时，APD 将处于雪崩工作模式。由于通过 APD 的电压在耗尽区形成较高的电场，载流子在通过耗尽区时被加速，提高了其动能，从而产生碰撞电离效应。雪崩模式下的增益一般为 10～200。同时，在雪崩模式下的反向偏置电压与输出电流具有较好的线性关系，适合于对灵敏度要求较高且需要快速响应时间的应用领域。

2.3.3 盖革模式

当施加给 APD 的反向偏置电压接近击穿电压时，器件的增益快速增加。击穿接近时增益变得很大，只需要几个原始载流子就能产生自恃雪崩电流。一旦器件的反向偏置电压高于击穿电压，电场接近临界击穿电场，进入耗尽层的一个载流子就具有充足的能量产生自恃雪崩电流。雪崩电流的幅度仅与器件两端的电压和与器件相连的任意外电阻有关。此时，APD 工作于盖革模式。

在半导体的雪崩过程中，电荷载流子在足够强的电场中被加速，具有足够的能量，把中性原子或分子上的电子激发或碰撞出来成为自由电子。失去电子的原子或分子成为带正电荷的离子，就产生了电子-空穴对；自由电子能量足够时，又会碰撞材料中其他中性原子或分子而产生新的电子-空穴对，该过程称为碰撞电离。

为了表征雪崩倍增的程度,可将一个载流子通过单位距离所产生的电子-空穴对的数量定义为电离系数 δ。电离系数的大小强烈依赖于电场值。对于硅材料，当电场强度增加到约 10^5V/cm 时，电离系数 δ 大于零，开始出现雪崩倍增现象。当电场强度为 5×10^5V/cm 时，电子的电离系数为 10^5/cm；当电场下降一半时，电离系数将下降两个数量级。通常，电子和空穴的电离系数并不相等。定义 k 为电子电离系数和空穴电离系数之比，即

$$k=\frac{\delta_{\mathrm{e}}}{\delta_{\mathrm{h}}} \tag{2.2}$$

式中，δ_{h} 和 δ_{e} 分别为空穴和电子的电离系数。若 k 为 1，意味着两种载流子都公平地参与雪崩过程，具有同样的电离，这样将会引起较大的噪声和暗电流，影响器件的性能。若 k 不为 1，两电离系数相差越大越好，这样可以使倍增噪声减小，而且增益稳定。这是因为器件的噪声主要是由雪崩过程的随机起伏引起的。当碰撞电离同时由电子和空穴引起时，雪崩过程起伏较大；如果高电场区的碰撞电离只由一种载流子引起，噪声就可以减小。对于 Si GM-APD，电子比空穴产生更多的电离，即在 GM-APD 中两种载流子的碰撞电离能力不同，选择具有较高电离能力的电子注入耗尽区有利于在相同的电场条件下获得较高的雪崩倍增和较低的噪声。

表 2.1 给出了光电二极管、APD 和 GM-APD 性能参数的比较。通过这些参数和以上分析可以得出，GM-APD 适合于进行极微弱信号探测，同时具有时间响应快、操作电压低等特点。

表 2.1　光电二极管、APD 和 GM-APD 性能参数的比较

性能参数	光电二极管模式	雪崩模式	盖革模式
操作电压/V	0～30	120～500	<35
量子效率/%	80	80	45
动态范围	nW～mW	pW～mW	1cps～7pW
时间响应	μs	ns	<100ps
暗计数	N/A	N/A	10cps
输出信号类型	模拟信号	模拟信号	数字信号

2.4　GM-APD 的电气特性参数

2.4.1　倍增因子

倍增因子是 APD 处于反向偏置电压之下，接受一定光照后在管内测得的电流 I_{mult} 和器件倍增之前内部的光电流 I_{primary} 之比，即

$$M=\frac{I_{\text{mult}}}{I_{\text{primary}}} \tag{2.3}$$

若已知电子和空穴在长度为 l 的增益区内运动，则电子和空穴的增益可表示为

$$M_{\text{e}}=\frac{1}{1-\int_0^l \delta_{\text{e}}\exp\left(-\int_0^x(\delta_{\text{e}}-\delta_{\text{h}})\text{d}x'\right)\text{d}x} \tag{2.4}$$

$$M_{\text{h}}=\frac{\exp\left(-\int_0^l(\delta_{\text{e}}-\delta_{\text{h}})\text{d}x\right)}{1-\int_0^l \delta_{\text{e}}\exp\left(-\int_0^x(\delta_{\text{e}}-\delta_{\text{h}})\text{d}x'\right)\text{d}x} \tag{2.5}$$

因为电离系数在器件中是增益区位置的函数，所以获得式(2.4)、式(2.5)的准确解比较困难。同时，电子-空穴对产生碰撞的位置，激发出多少二次电子-空穴对等问题都是随机的，导致雪崩倍增过程是一个复杂的随机过程。因此，一般采用平均雪崩增益来表示 APD 倍增的大小，平均雪崩增益也记作 M

$$M=\frac{1}{1-\left(\dfrac{V}{V_{\text{BR}}}\right)^n} \tag{2.6}$$

式中，V 为雪崩光电二极管的反向偏置电压；V_{BR} 为雪崩光电二极管的击穿电压；n 为与 PN 结的材料和结构有关的常数，Si 器件，n=1.5～4，Ge 器件，n=2.5～8。从式(2.6)可以看出，当 V 接近 V_{BR} 时，M 迅速增大，对于一般的 APD，M=1000 时，器件已经趋于饱和。对于 GM-APD 来说，当 $V>V_{\text{BR}}$ 时，增益达到 10^5 以上，此时若有光子入射，光生载流子将触发雪崩，产生较大的自持雪崩电流。

根据器件参数设定击穿电压 V_{BR}=27.6V，由图 2.5 可以看出，在超过击穿电压的位置，倍增因子急剧增大。此时，器件工作在盖革模式下。同时，与器件的材料和结构有关的常数也将对增益有较大影响，常数增大时，倍增因子曲线右移，击穿电压增高，在相同偏置电压下增益降低。

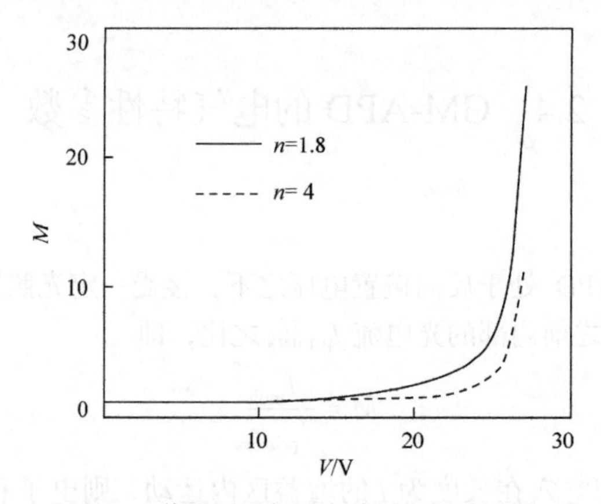

图 2.5　倍增因子与反向偏置电压关系图

2.4.2　带宽

APD 的带宽是一个很重要的参数。限制其带宽的主要因素为渡越时间、雪崩建立时间和时间常数。

渡越时间 t_t 是指 APD 内载流子电子(或空穴)穿过耗尽区所用的时间，即

$$t_{\mathrm{t}} = \frac{W}{v} \tag{2.7}$$

式中，v 为载流子的漂移速度；W 为耗尽层的宽度。

APD 结电容为

$$C_{\mathrm{d}} = \frac{\varepsilon_{\mathrm{r}}\varepsilon_0 A}{W} \tag{2.8}$$

式中，ε_r 为半导体的相对介电常数；ε_0 为真空的介电常数；A 为耗尽区的横截面面积。

APD 串联电阻由接触电阻和半导体体电阻组成，即

$$R_{\mathrm{d}} = \frac{(S-W)\rho}{A} + R_{\mathrm{contact}} \tag{2.9}$$

式中，S 为硅基底的厚度；W 为耗尽层的宽度；ρ 为基底的电阻率；A 为耗尽区的横截面面积；$R_{contact}$ 为接触电阻。则雪崩光电二极管的截止频率 ω_{RC} 为

$$\omega_{\mathrm{RC}} = \frac{1}{R_{\mathrm{d}} C_{\mathrm{d}}} \tag{2.10}$$

当 APD 的带宽不依赖于雪崩倍增时，$M<\delta_e/\delta_h$，该情况下，带宽仅由时间常数和载流子渡越时间确定，即

$$B = \frac{1}{\sqrt{\left(\frac{1}{f_{\mathrm{RC}}}\right)^2 + \left(\frac{1}{f_{\mathrm{t}}}\right)^2}} \tag{2.11}$$

式中，$f_{\mathrm{RC}}=\omega_{\mathrm{RC}}/2\pi$，$\omega_{\mathrm{t}}=2.78/t_{\mathrm{t}}$，$f_{\mathrm{t}}=\omega_{\mathrm{t}}/2\pi$。

$M>\delta_{\mathrm{e}}/\delta_{\mathrm{h}}$时，倍增建立时间将严重地影响带宽，载流子在耗尽层中获得的雪崩增益越大，雪崩建立时间越长，如图 2.6 所示，图中 W_1 表示倍增时的扩散距离。特别是在高增益的情况下，倍增建立时间对带宽的影响更大，此时渡越时间包含于t_{eff}，即

$$t_{\mathrm{eff}}=t_{\mathrm{e}}+t_{\mathrm{h}}+t_{\mathrm{m}} \tag{2.12}$$

式中，t_{e}为电子穿越吸收层的时间；t_{h}为在倍增过程中产生的空穴穿越倍增和吸收层的时间；t_{m}为电子穿越倍增区的时间。在这种情况下计算带宽，式(2.11)中的载流子渡越时间t_{t}将由t_{eff}取代。

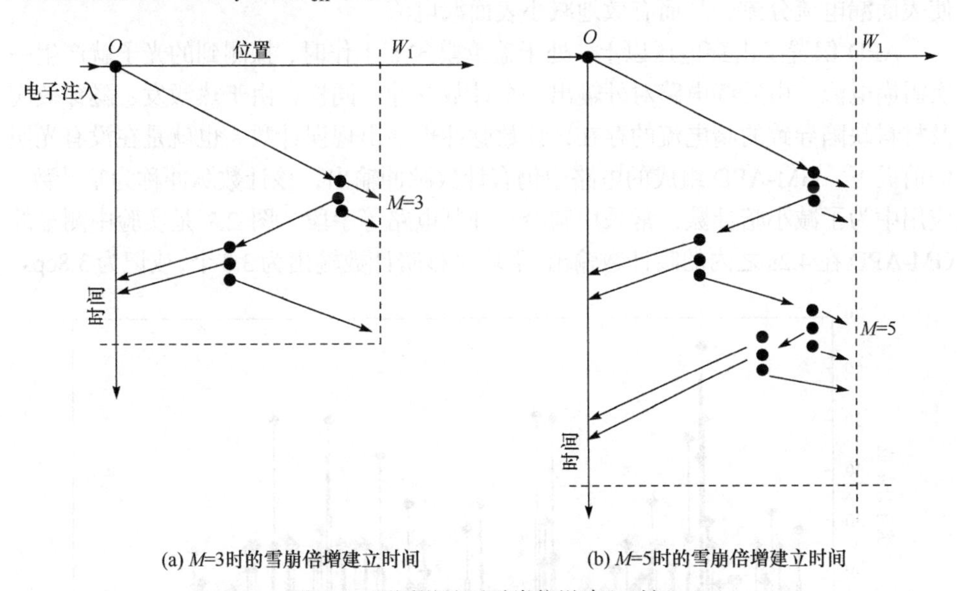

(a) M=3时的雪崩倍增建立时间　　(b) M=5时的雪崩倍增建立时间

图 2.6　不同增益下雪崩倍增建立时间

为了达到高速响应的目的，Si GM-APD 采用了薄倍增层工艺，使得它在带宽和噪声特性上更加具有优越性。这是因为碰撞电离需要某种最短距离，保证载流子可以从电场中聚集足够的能量，较短的倍增区包含较少的倍增过程，产生小的统计涨落，从而形成更少的噪声。采用的 GM-APD 的带宽可以达到 5GHz。

2.4.3 暗计数

对于 APD，即便在没有光照的情况下，仍然可以输出微弱的电流信号。这主要是因为在半导体内部固有的热电子发射等各种热效应导致自由载流子产生的，这些自由载流子在外电场的作用下便产生电流，称为暗电流。暗电流作为噪声对光探测是不利的，应当尽量减小。

APD 的暗电流是由本体暗电流和表面漏电流两部分组成的。前者是来自 PN 结区热激发、隧穿效应及被材料缺陷俘获的载流子，这些载流子在高电场内被加速，也会通过雪崩效应而产生倍增。热激发使结区的电子从价带跃迁到导带，形成热噪声。它们服从玻尔兹曼分布，可以通过降低温度改善热噪声。在电场较强区域，电子在电场作用下由价带隧穿进入导带，从而形成隧穿电流。俘获载流子的再释放与器件材料的生长质量有关。当雪崩发生时，倍增区材料中的任何缺陷都会成为载流子的俘获中心，雪崩终止后，这些被俘获的载流子会逐渐自行释放，如果受到电场加速，它们会再次产生雪崩。表面漏电流是由表面缺陷、偏置电压、表面清洁度、表面面积等因素决定的，不受雪崩增益的影响。采用保护环结构，使表面漏电流分流，从而有效地减小表面漏电流。

APD 偏置于击穿电压以上，处于盖革模式下工作时，探测到的光子就产生一次雪崩电流，由后续电路对外输出一个计数脉冲。同样，由于热激发、隧穿效应及材料缺陷导致的暗电流的存在，计数脉冲也会出现误计数。也就是在没有光照的前提下，GM-APD 组成的电路中仍有计数脉冲输出，该计数脉冲称为暗计数。应用中为了减小暗计数，常采用制冷、抑制电路等手段。图 2.7 是实验中测量的 GM-APD 在 4.2s 之内的暗计数输出，平均每秒暗计数输出为 3.8 个，或记为 3.8cps。

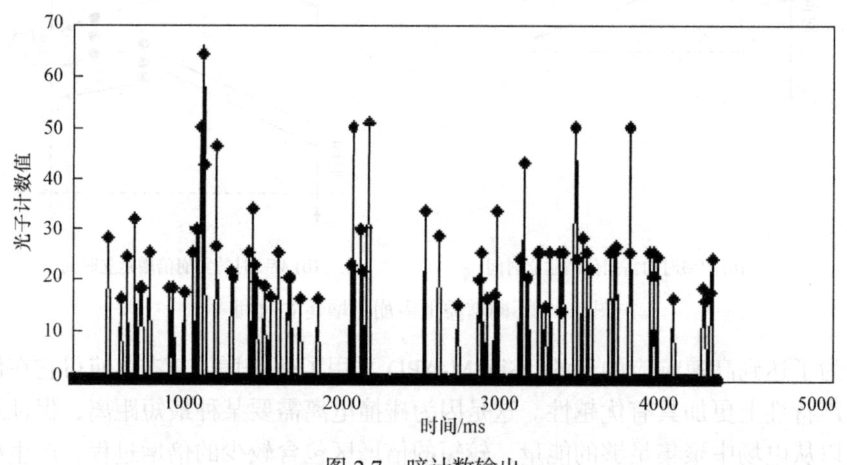

图 2.7　暗计数输出

2.5　雪崩抑制

GM-APD 发生雪崩后，会产生自恃雪崩电流。该电流被检测到以后，要选择适当的抑制电路来熄灭雪崩。这是因为雪崩过程中存在自加热，过高的雪崩电流会导致 APD 的热量上升，器件将被损坏；自加热同时还会提高击穿电压。击穿电压的提高导致 APD 偏置电压的降低，从而降低光子的探测概率，使得计数输出产生非线性畸变。另外，当雪崩电流流过 APD 时，电荷载流子被器件的缺陷中心捕获。任何捕获的载流子释放后可以再激发产生雪崩，这种雪崩将错误地记录光子的到来，这些错误的信号被称为后脉冲。通过抑制雪崩可以降低后脉冲发生的概率。因此为了避免长时间雪崩造成 GM-APD 的永久性击穿，以达到减小噪声的目的，通常是在器件探测到光子，发生雪崩倍增，对外输出计数脉冲后，迅速将 APD 两端电压降低到击穿电压以下来抑制雪崩。

2.5.1　被动抑制电路

被动抑制电路如图 2.8 所示，它由一个大电阻 R_L 与 GM-APD 串联组成，R_s 为取样电阻。在没有光子的状态下，等效电路如图 2.9 所示，图中 C_s 是等效的分布电容，C_d、R_d 如 2.4.2 小节所述分别为 GM-APD 的结电容和串联电阻，V_{BR} 为 GM-APD 的击穿电压，开关 K 表示 GM-APD 的工作状态。电路中没有电流流过，相当于开关 K 断开，APD 处于等待状态，电路无输出。当有光子到达时，该光子被处于等待状态的 GM-APD 接收，开关 K 闭合，电容 C_d 和 C_s 通过电阻 R_d 与 R_s 放电，GM-APD 的端电压降为比雪崩电压值低一些，R_s 上产生一个计数脉冲信号。当 C_s 上的电压继续下降，降到与 GM-APD 两端的电压一致时，流经 GM-APD 的电流小于 GM-APD 的熄灭阈值，雪崩停止，开关 K 再次断开。雪崩停止后，反向偏置电压 V_{bias} 开始通过大电阻 R_L 给 GM-APD 和电容 C_s 充电，充电状态结束后，电路又回到了初始的等待状态。

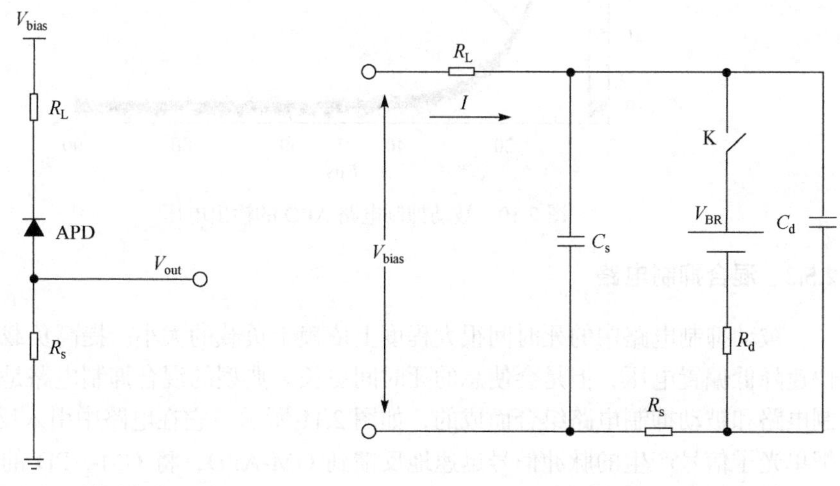

图 2.8　被动抑制电路　　图 2.9　被动抑制电路的等效电路

为了成功抑制雪崩，通过 GM-APD 的电压必须要小于击穿电压。因此，负载电阻必须足够大，即

$$R_L > \frac{V_{bias} - V_{BR}}{I} \tag{2.13}$$

抑制雪崩过程所需的时间称为抑制时间 t_{quench}。雪崩抑制后，GM-APD 将开始通过负载电阻充电，这个充电过程称为恢复阶段。恢复阶段需要一定的时间，称为恢复时间 t_{reset}，它取决于负载电阻的值。雪崩抑制和恢复状态经历的时间为死时间，它等于

$$t_{dead} = t_{quench} + t_{reset} \tag{2.14}$$

抑制时间由时间常数 $R_d(C_d + C_s)$ 决定，恢复时间由 $R_L(C_d + C_s)$ 决定。从图 2.10 可以得知，抑制电路的死时间为 40μs。因为负载电阻比 GM-APD 的串联电阻大，所以主要由负载电阻决定死时间的长短。为了缩短死时间，R_L 应该选择得越小越好，但是太小，也会影响使 APD 偏置电压快速降低的初衷，所以对于 R_L 的选择应该折中考虑。

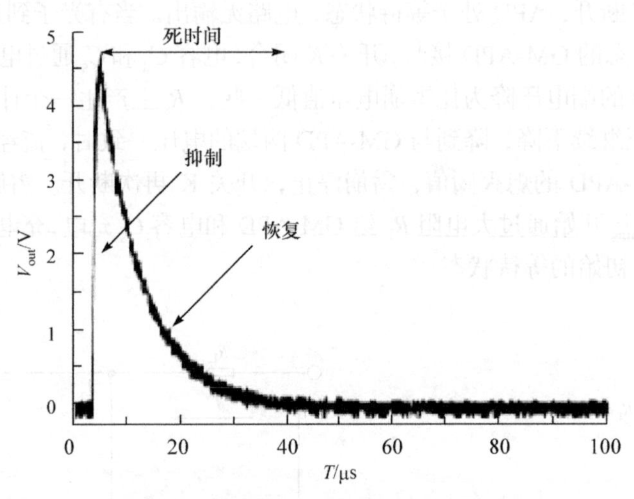

图 2.10　被动抑制电路 APD 的输出电压

2.5.2　混合抑制电路

被动抑制电路中的死时间很大程度上依赖于负载的大小。提高负载电阻可以快速降低偏置电压，但是会使总的死时间更长。典型的混合抑制电路是由主动抑制电路和被动抑制电路组合而成的，如图 2.11 所示。它在电路中引入反馈环路，把单光子信号产生的脉冲信号迅速地反馈到 GM-APD，将 GM-APD 的反向偏置电压置于击穿电压以下，在很短的时间内强制将雪崩过程抑制。当雪崩停止后，GM-APD 两端的电压又迅速恢复到雪崩前的状态，为接收下一个光子信号做准备。其中还应包括用来设置恢复时间的延迟模块。延时周期内允许捕获的载流子释放，从而降低或消灭后脉冲。混合抑制电路可以在较大程度上提高探测器性能，

其响应时间主要取决于电路中晶体管的开关速度。

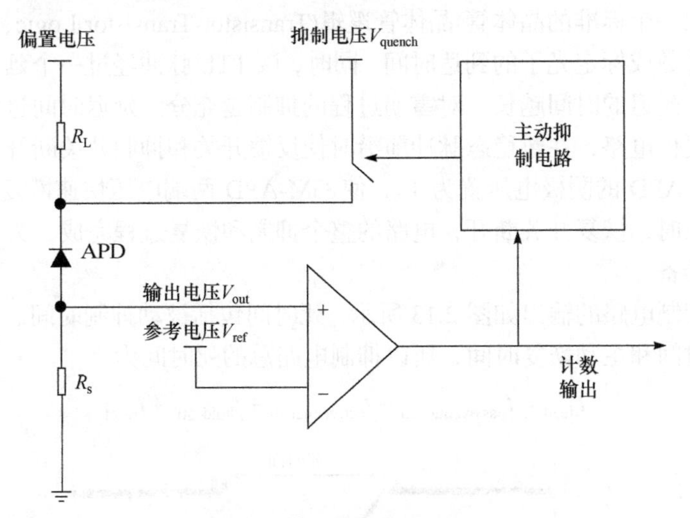

图 2.11 混合抑制电路示意图

理想的 GM-APD 和抑制电路应该是单片集成的，即它们被制作在同一片半导体基底上。这种集成可以降低寄生效应，如焊盘电容、封装电容和连接线电感。这些措施可以使抑制时间更快，同时降低器件的自加热和后脉冲。单片集成抑制电路由 Zappa 等报道，电路框图如图 2.12 所示。

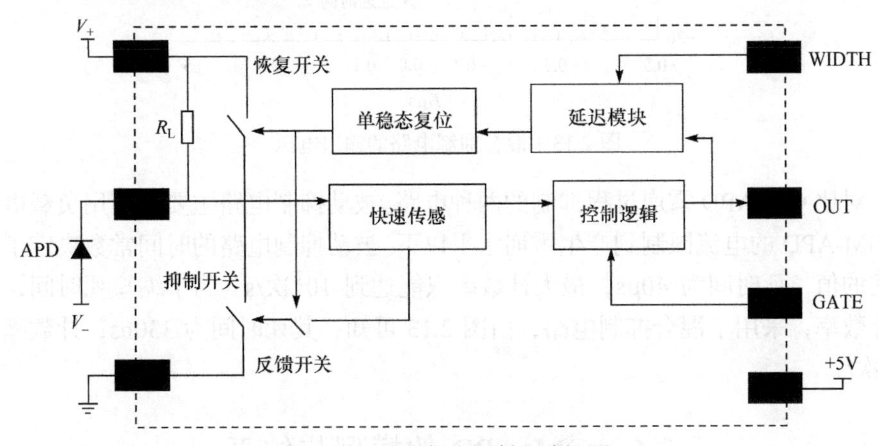

图 2.12 单片集成抑制电路框图

1. V_+：APD 阴极电位端；2. V_-：APD 阳极电位端；3. WIDTH：延迟时间设置端；4. OUT：输出端；5. GATE：门控端

没有光子到来时，GM-APD 处于等待状态，恢复开关和抑制开关断开。当有光子到达时，电路中的电容通过大电阻 R_L 开始放电，被动抑制过程开始。这时，快速传感模块探测到 R_L 两端的电压，主动抑制电路启动，通过外围电路将抑制开关闭合，GM-APD 的阴极电位迅速降为零，加快了抑制雪崩的速度。控制逻辑模块对外输出一个标准的晶体管-晶体管逻辑(Transistor-Transistor Logic，TTL)脉冲，用作光子计数或标定光子的到达时间。同时，该 TTL 脉冲经过一个延迟模块延迟一段时间。延迟的时间越长，对雪崩过程的抑制越充分。延迟时间过后，脉冲触发单稳态复位电路，在暂稳态脉冲前沿时使反馈开关和抑制开关断开，恢复开关闭合。GM-APD 的阴极电压置为 V_{+}，使 GM-APD 两端电压快速恢复至 $V_{+}-V_{-}$。暂稳态结束时，恢复开关断开，电路的整个抑制和恢复过程完成，为下一次光子探测做好准备。

混合抑制电路的输出如图 2.13 所示，死时间包括被动抑制时间、主动抑制时间、延迟时间和主动恢复时间，所以抑制电路总的死时间为

$$t_{\text{dead}} = t_{\text{passivequench}} + t_{\text{activequench}} + t_{\text{hold-off}} + t_{\text{reset}} \tag{2.15}$$

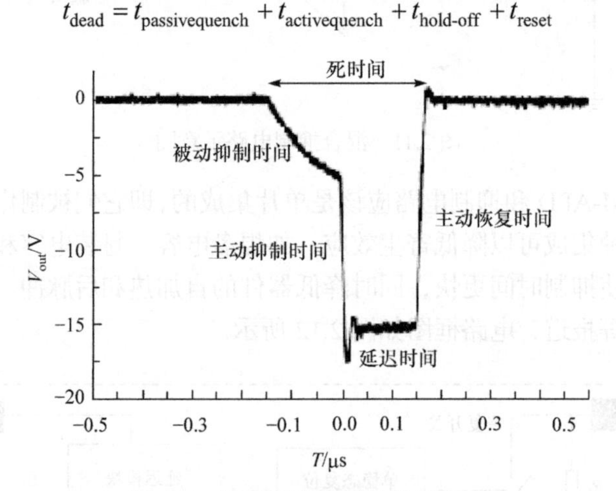

图 2.13　混合抑制电路的输出电压

对比 GM-APD 雪崩过程抑制的两种电路。被动抑制电路主要是利用负载电阻把 GM-APD 的电流限制到产生雪崩水平以下。被动抑制电路的时间常数决定了死时间的值，死时间为 40μs，最大计数率只能达到 10^3 次/s。为了缩短死时间，提高计数率，采用了混合抑制电路，由图 2.13 可知，其死时间为 330ns，计数率为 10^6 次/s。

2.6　GM-APD 的模型与仿真

建立 GM-APD 的等效电路模型，可以真实地反映器件特性。根据 GM-APD 等效电路模型再建立探测电路仿真模型。通过仿真可以观察元器件参数的变化对电路参数的影响，验证电路设计的正确性，从而能方便、快捷、经济地实现电路结构的优化设计，提高设计系统的稳定性和可靠性。

2.6.1 GM-APD 等效电路模型

光电探测器吸收光子产生光电子，光电子形成光电流。因此，光电流 I_{ph} 与每秒入射的光子数，即光功率 P 成正比。根据量子光学理论，光与物质相互作用中的随机性是一种量子效应，光与物质之间的相互作用能量只能以能量子 hf 为单位，所以光生电流与入射光功率的关系可表示为

$$I_{ph} = \frac{\eta P}{hf} e \tag{2.16}$$

式中，I_{ph} 为光生电流；P 为入射光功率；e 为电子电荷；h 为普朗克常数；f 为入射光频率；η 为光电探测器量子效率。

GM-APD 等效电路模型如图 2.14 所示，其中，由入射辐射生成的光生电流由理想的电流源表示，D 表示为理想的二极管，V_d 表示二极管两端电压，I_d 表示流过二极管的电流，I_{sh} 表示流过并联电阻的电流，V_o 和 I_o 分别表示输出电压和输出电流。结电容 C_d 、并联电阻 R_{sh} 和串联电阻 R_d 分别用电容和电阻模型化。

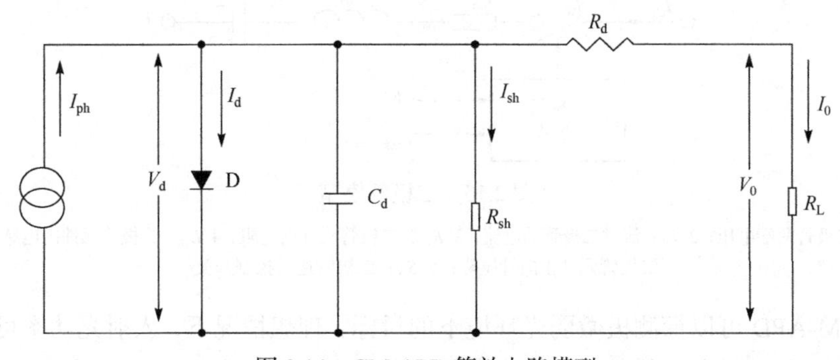

图 2.14　GM-APD 等效电路模型

因为反向偏置电压提高将增加耗尽层宽度，所以结电容随着偏置电压的变化而变化，当提高反向偏置电压时，结电容将降低。结电容的值参照 2.4.2 小节中的式(2.8)计算。

分布电容 C_s，包括焊盘电容、封装电容和其他杂散电容，即

$$C_s = C_{bp} + C_p \tag{2.17}$$

式中，C_{bp} 为焊盘电容；C_p 为封装电容。以上两电容可以通过测量得到。

并联电阻 R_{sh} 可以通过测量得到。

2.6.2 GM-APD 模型仿真

根据 GM-APD 等效电路模型，在 SIMULINK 窗口的仿真平台上构建仿真模型。首先，将需要的典型环节模块提取到仿真平台上；其次，将平台上的模块一

一连接，形成仿真系统框图；再次，完成模块提取和组成仿真模型后，需要给各个模块赋值；最后，设置仿真参数，需要确定仿真的步长、时间和选取仿真的算法等。

在模型库中使用的是宏模型，通过参数设定才能得到需要的器件。例如，库中没有 GM-APD 等效电路模型中的理想二极管，只有如图 2.15 所示的二极管。当设置参数时，电感参数和电阻参数不能同时取 0，在此设置电感参数为 0。设置门槛电压 V_f 时，只有当二极管正向电压大于 V_f 后，二极管才能导通。参数对话框中还有初始电流一栏，设置初始电流可以使电路在非零状态下开始仿真，但是初始电流设置是有条件的，首先是在二极管电感参数大于 0 时才能设定这项参数，其次是仿真电路的其他储能元件也设定了初始值，尤其是设定所有其他相关储能元件的初始值很麻烦，所以一般取初始电流为 0，使电路在零状态下开始仿真。

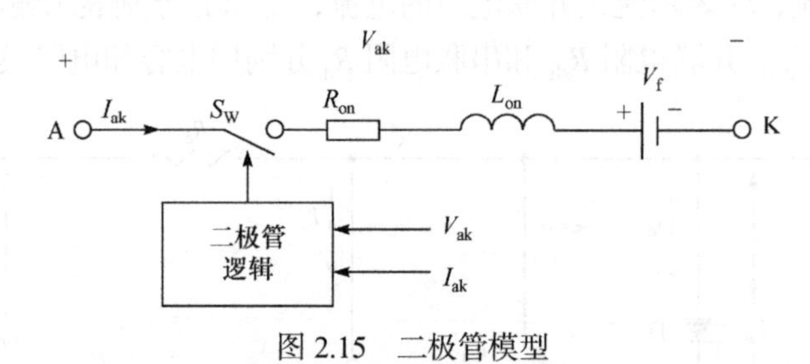

图 2.15　二极管模型

1. V_{ak}：二极管两端电压；2. I_{ak}：流过二极管的电流；3. R_{on}：二极管元件内电阻；4. L_{on}：二极管元件内电感；5. V_f：二极管元件正向管压降；6. S_W：二极管逻辑控制开关

GM-APD 可以探测极微弱光环境下的目标，理想情况下，入射光功率可以达到从一个光子到皮瓦数量级范围。根据器件的等效电路模型，入射光通过 GM-APD 生成的光生电流选择可控电流源代替。

$$I_{ph} = \frac{\eta P}{hf}e = \frac{\eta e \lambda}{hc}P = ZP \tag{2.18}$$

式中，I_{ph} 为光生电流；P 为入射光功率；e 为电子电荷；h 为普朗克常数；f 为入射光频率；λ 为入射光波长；η 为 GM-APD 的量子效率；c 为光速，等于 3×10^8m/s；Z 为常数。通过式(2.18)可以完全建立某一特定波长入射光功率和光生电流之间的关系。

利用控制函数来控制光功率的变化，获得可变的光输入环境。光功率的输入则通过选择信号源输入，其幅值、频率可以根据需要自行设定。由于模块中没有纯电阻和电容元件，需要通过 RLC 串联电路中的参数设置才能得到，如图 2.16 所示。

为了观察所测量信号的波形和记录信号的输出状态，需要用到示波器和信号记录仪等仪器仪表。观察某个分支输出情况，需要配合使用分支系统输出端子。测量电路中的支路电流或者是端电压要使用电流计和电压计，使用方法与实际测试相同，要将电流计串联在被测电路中，电压计并联在被测电路中。

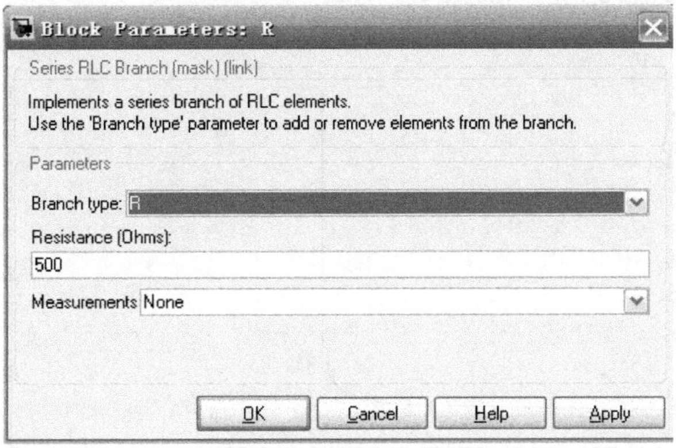

Block Parameters: R

Series RLC Branch (mask) (link)

Implements a series branch of RLC elements.
Use the 'Branch type' parameter to add or remove elements from the branch.

Parameters

Branch type: R

Resistance (Ohms):

500

Measurements None

OK　Cancel　Help　Apply

图 2.16　纯电阻元件的设置

当入射光强一定时，建立 GM-APD 输出特性测试仿真模型，如图 2.17 所示。设置器件的击穿电压为 27.6V，入射光功率为 7pW，为了模拟得到输出与输入的时间响应特性，输入光电流还受到 GM-APD 反向偏置电压的控制，电压变化范围为 0～33V，且为时间的函数。设置仿真时间为 10μs。因为 ode23s 是一种改进的二阶 Rosenbrock 算法，适用于求解刚性微分方程问题，所以采用该仿真算法，测得的器件的输出电流如图 2.18、图 2.19 所示。

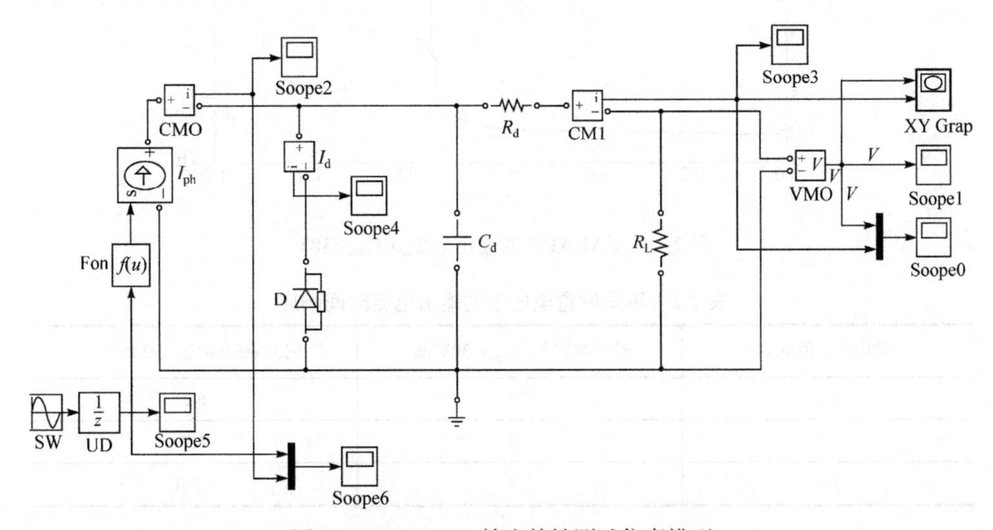

图 2.17　GM-APD 输出特性测试仿真模型

从图 2.18 和图 2.19 可以看出，不同的反向偏置电压下，GM-APD 的雪崩倍增产生的时间不同。如表 2.2 所示，在获得相同输出电流的情况下，反向偏置电压越大，产生相同电流输出所需要的时间越短，雪崩倍增的强度也越大。在反向偏置电压为 30V 的情况下，电流从 1.2μA 增加到 3.8μA，需要 0.1μs；而在反向偏置电压为 33V 的情况下，只需要 0.001μs。

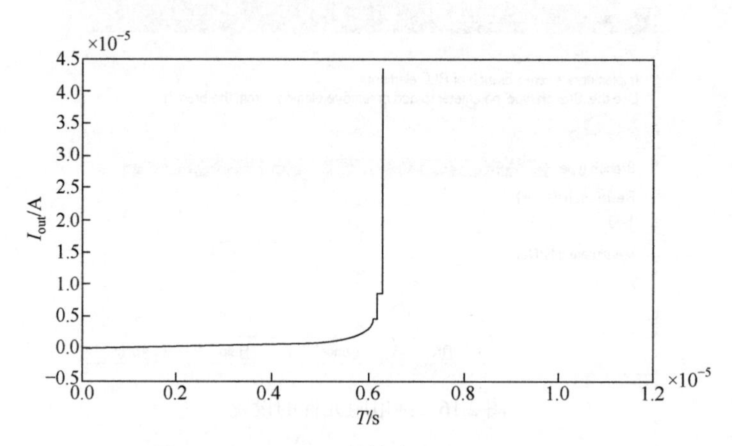

图 2.18　GM-APD 的输出电流@V_{bias}=33V

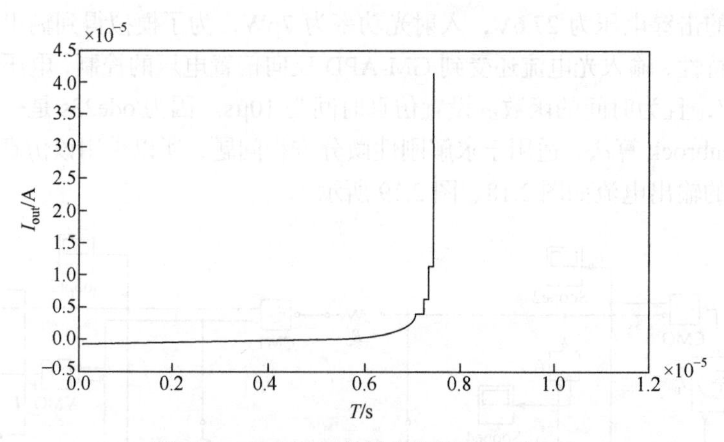

图 2.19　GM-APD 的输出电流@V_{bias}=30V

表 2.2　不同偏置电压下的输出电流时间响应

输出电流值/μA	时间响应 @ V_{bias} = 30V/μs	时间响应@ V_{bias} = 33V/μs
0.5	7.2	6.2
1.2	7.3	6.3
3.8	7.4	6.301

通过电压计和电流计测量模型中的反向偏置电压与输出电流，并将两组数据导入工作间，画出 GM-APD 仿真模型下的输出电流与反向偏置电压的特性曲线，如图 2.20 所示。由图 2.20 可以看出，GM-APD 在反向偏置电压较低的情况下没有雪崩倍增效应，光电流很小；随着反向偏置电压的升高，产生了雪崩倍增，输出电流信号按指数量级逐渐增大；当反向偏置电压接近 27.6V 时，输出电流为 5μA，此时，电流随电压变化的曲线较陡；反向偏置电压超过击穿电压时，输出电流急剧增大至 35μA，电路处于盖革工作模式，此时，在高电场中注入一个或多个载流子将激发被后续电路以较大概率检测到的自恃雪崩电流。

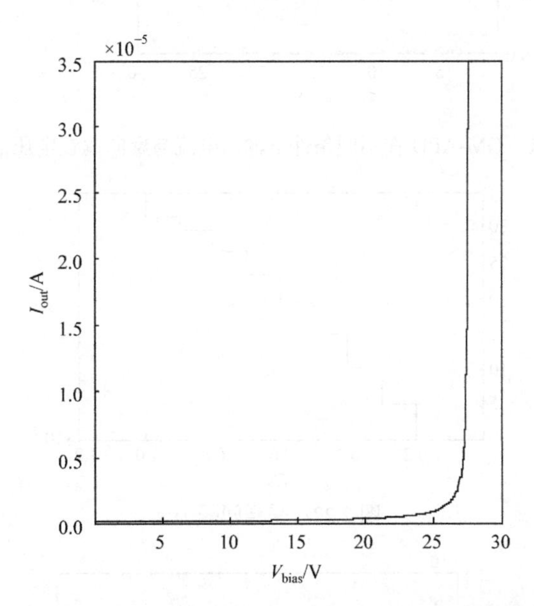

图 2.20 GM-APD 的输出电流与反向偏置电压的关系

改变入射光的强度，得到如图 2.21 所示的 GM-APD 在不同条件下输出电流与反向偏置电压之间的关系。在相同的反向偏置电压 27.6V 下，图中所示入射光信号从右至左越来越强，对应得到的输出电流也越来越大。

入射光信号的频率可以通过在模型中改变输入信号的采样频率来实现，采样频率越高，对应的光信号的频率就越高；反之，越低，如图 2.22 和图 2.24 所示，其中，横坐标为时间，单位为秒(s)，纵坐标是模拟的入射光信号。输出电流如图 2.23 和图 2.25 所示，其中，横坐标为时间，单位为秒(s)，纵坐标为输出电流，单位为安培(A)。

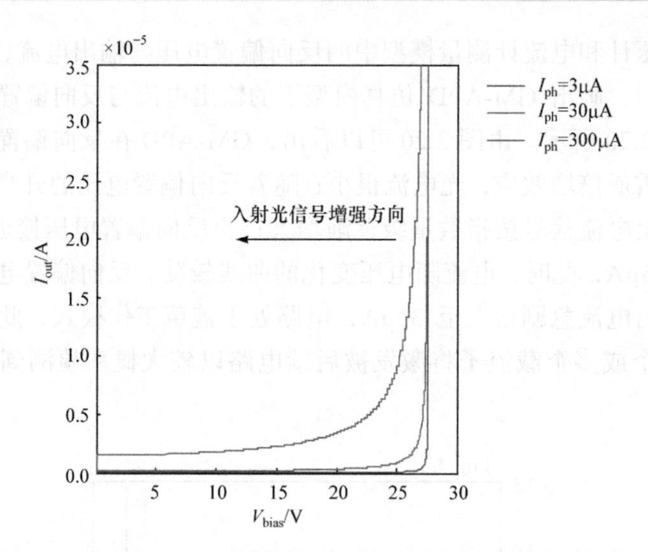

图 2.21　GM-APD 在不同条件下输出电流与反向偏置电压的关系

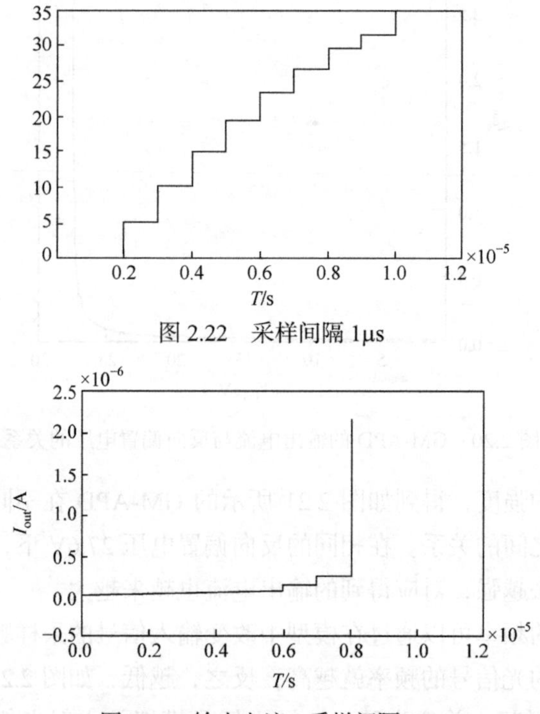

图 2.22　采样间隔 1μs

图 2.23　输出电流@采样间隔 1μs

图 2.22 与图 2.24 的采样间隔相差 10 倍，分别为 1μs 和 0.1μs。换句话说，图 2.23 的入射光的频率为图 2.22 频率的 10 倍。由此得到 0.1μs 采样频率的信号电流输出如图 2.25 所示，为 5.5μA，较低频率的信号输出为 2.2μA，如图 2.23 所示。该结

果与理论上入射光的光子流密度越大，光电接收器件的输出越大相吻合。

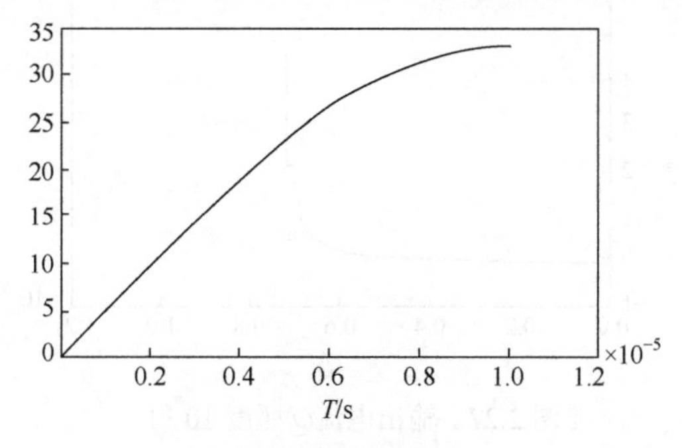

图 2.24　采样间隔 0.1μs

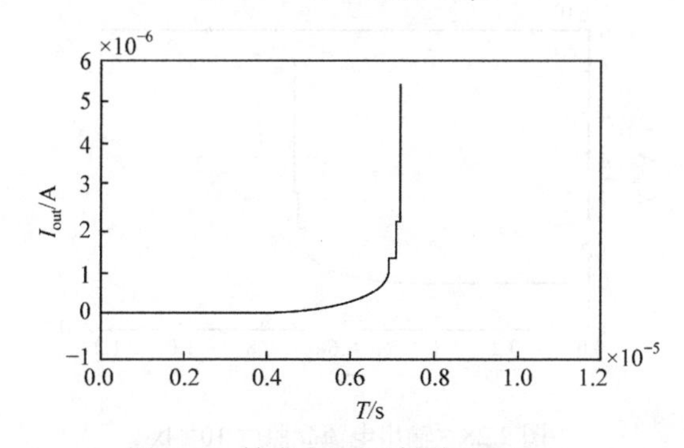

图 2.25　输出电流@采样间隔 0.1μs

入射光强度对 APD 的影响如图 2.26～图 2.29 所示，光强的增加引起光生电流的增加，使得 APD 的输出电流提高。随着入射光的照度从 10^{-4}lx 变化到 10^{-7}lx，APD 的输出电流从 55μA 下降到 0.055μA。在分析了 GM-APD 的电流输出特性后，建立带有抑制环节的 GM-APD 探测电路模型，如图 2.30 所示。盖革模式中光子的吸收用电压源和门控信号控制的理想开关建模。其中，电压源 V_b 表示二极管的击穿电压。理想开关表示光子的接收过程，当吸收光子时开关闭合，没有光子到来时，开关断开。光子的到来是由门控信号控制的。

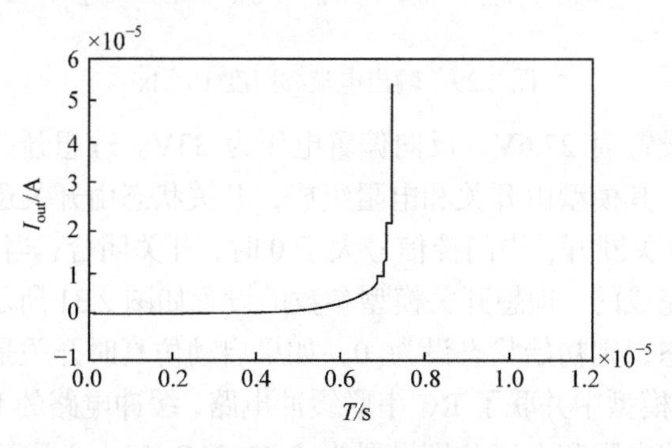

图 2.26　输出电流@照度 10^{-4}lx

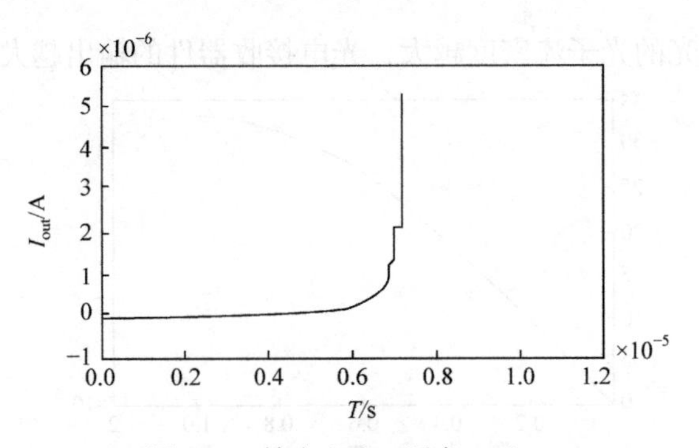

图 2.27　输出电流@照度 10^{-5} lx

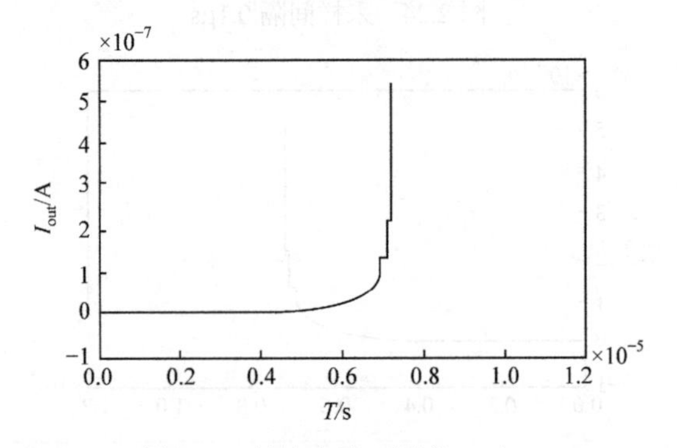

图 2.28　输出电流@照度 10^{-6} lx

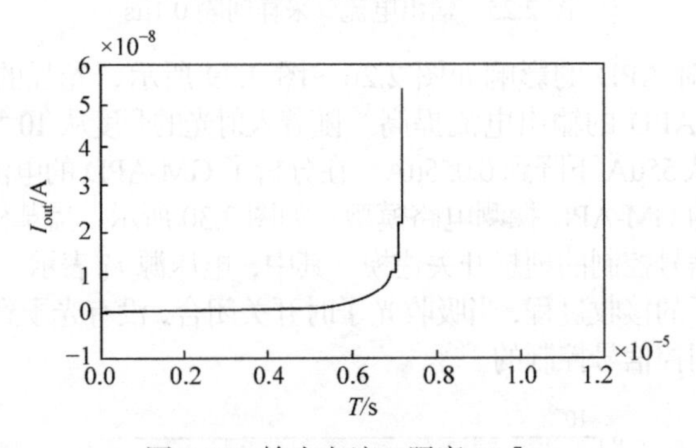

图 2.29　输出电流@照度 10^{-7} lx

将击穿电压设置为 27.6V，反向偏置电压为 33V。理想开关是一个通断受门信号控制的开关，其模型由开关和电阻组成，开关状态由开关逻辑控制。当门控信号等于 0 时，开关断开；当门控信号大于 0 时，开关闭合；当门控信号触发时，开关动作是瞬时完成的。理想开关模型参数的设置如图 2.31 所示。如果启动仿真时开关是接通状态，则初始状态设为 0；如果启动仿真时开关是断开的，则初始状态设为 1。器件模型中并联了 RC 串联缓冲电路，缓冲电路的 RC 值可以在参数表中设置。将缓冲电阻和电容分别设置为 0.00001Ω 与 inf(无穷大)，电路为纯电阻性的缓冲电路。门控信号由脉冲发生器模块产生，它可以输出规则的脉冲信号。

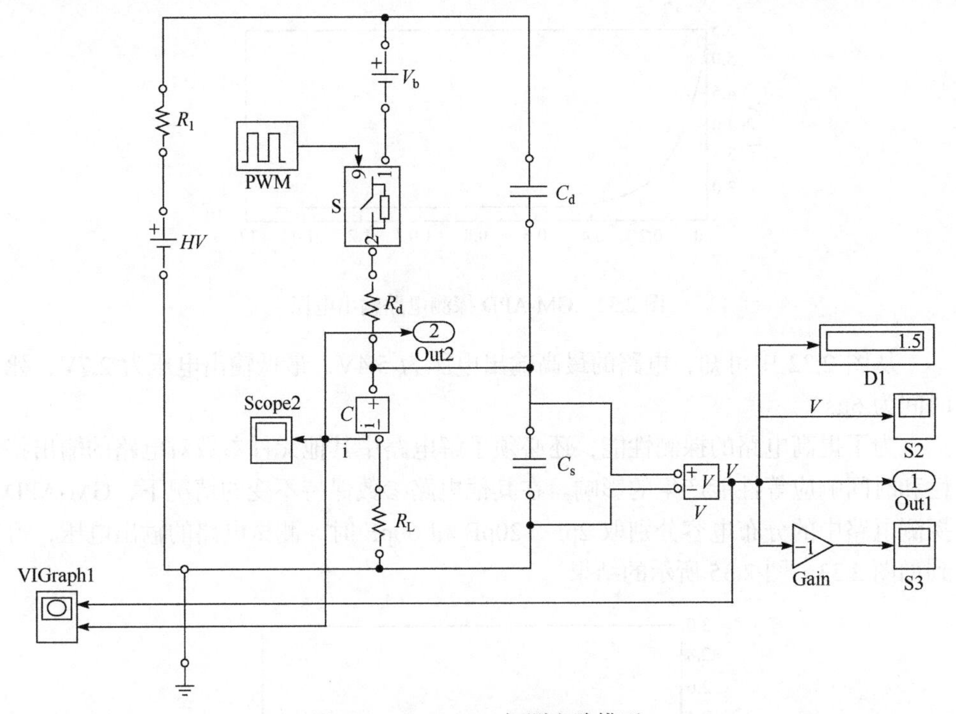

图 2.30　GM-APD 探测电路模型

1. V_b 为二极管的击穿电压；2. PWM 为门控信号；3. S 为理想二极管模型；4. C_d 为结电容；5. R_d 为串联电阻；6. R_L 为负载；7. C_s 为分布电容；8. HV 为反向偏置电压；9. R_1 为外接电阻；10. C 为电流测量模块；11. V 为电压测量模块；12. Scope2、S2、S3 均是示波器模块；13. VIGraph1 为显示图形模块；14. Out1、Out2 为输出端子；15. Gain 为增益模块；16. D1 为数字显示模块

Block Parameters: S

Ideal Switch (mask) (link)

Switch controlled by a gate signal in parallel with a series RC snubber circuit.
In on-state the Switch model has an internal resistance (Ron).
In off-state this internal resistance is infinite.
The internal resistance must be greater than zero.
The switch model is on-state when the gate signal (g) is set to 1.

Parameters

Internal resistance Ron (Ohms) :
0.001

Initial state (0 for 'open', 1 for 'closed') :
1

Snubber resistance Rs (Ohms) :
1e5

Snubber capacitance Cs (F) :
inf

Show measurement port

OK　Cancel　Help　Apply

图 2.31　理想开关模型的参数设置

设置仿真时间为 15μs，启动仿真，得到电路中 R_L 两端的电压如图 2.32 所示。

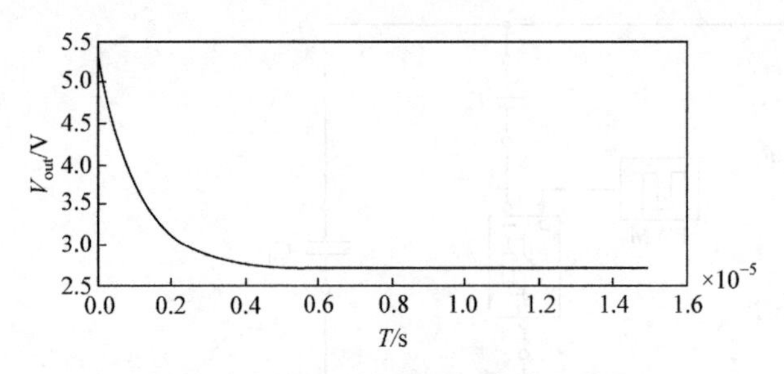

图 2.32 GM-APD 探测电路输出电压

从图 2.32 中可知，电路的最高输出电压为 5.4V，最低输出电压为 2.7V，死时间为 6μs。

为了提高电路的探测性能，还必须了解电路中其他元件参数对电路的输出特性和时间响应等性能产生的影响。在其他电路参数保持不变的情况下，GM-APD 探测电路中的分布电容分别取 2pF、20pF 和 60pF 时，测试电路的输出电压，得到如图 2.33～图 2.35 所示的结果。

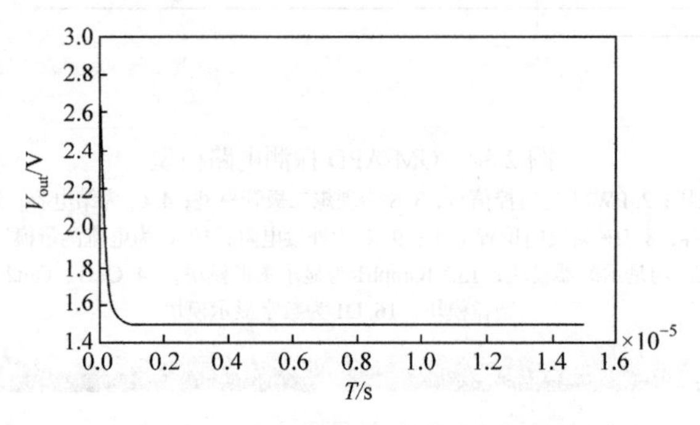

图 2.33 电路输出电压@C_s=2pF

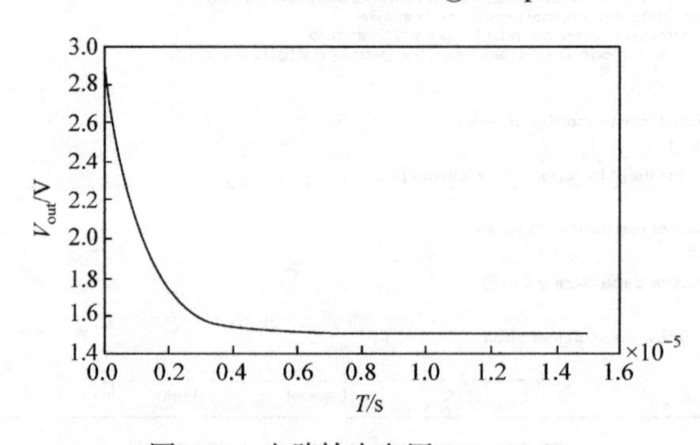

图 2.34 电路输出电压@C_s=20pF

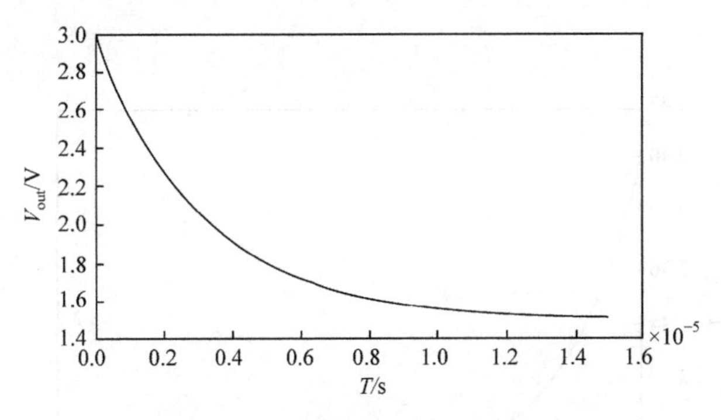

图 2.35　电路输出电压@C_s=60pF

将以上电压输出数据导入工作间，画出分布电容在不同取值情况下输出电压的对照图，如图 2.36 所示。分析图 2.36 可知，分布电容严重影响着输出电压信号的高度、宽度和电路的死时间。分布电容越大，输出的雪崩信号高度越大，信号脉宽加宽，死时间延长。当分布电容为 2pF 时，死时间为 1μs；当分布电容为 20pF 时，死时间为 6.5μs；当分布电容为 60pF 时，死时间为 15μs。死时间的延长将直接减少探测器每秒钟捕捉的光子数。在实际应用中，分布电容的选择是一个折中问题。在对探测器速度要求不高的情况下，分布电容可以适当加大，使得输出电压幅值较大，脉冲宽度也较宽，利于后续电路的处理。但是对于高速探测要求的场合，必须尽量降低分布电容的影响，以提高探测电路的响应速度。

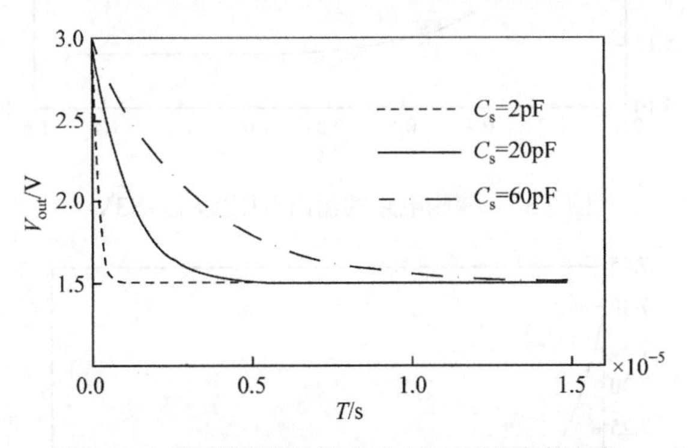

图 2.36　探测电路的输出电压@不同分布电容

GM-APD 的工作电压有一定的范围，在其允许的范围内分别设置反向偏置电压为 30V、33V 和 35V。观察探测电路的输出电压，如图 2.37～图 2.39 所示。

由图 2.40 得出，适当提高反向偏置电压，可以提高探测器的探测灵敏度；同时，反向偏置电压越高，输出电压也越高，可以为后续比较电路选择较大的基准电压，从而对噪声有一定的抑制作用。但是，反向偏置电压增高，雪崩抑制时间会太短，将会导致器件缺陷俘获的载流子释放而再次产生雪崩，增加产生后脉冲的概率。

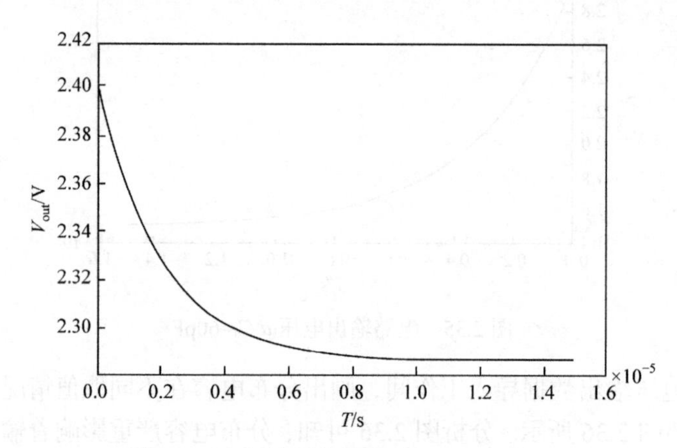

图 2.37　探测电路的输出电压@V_{bias}=30V

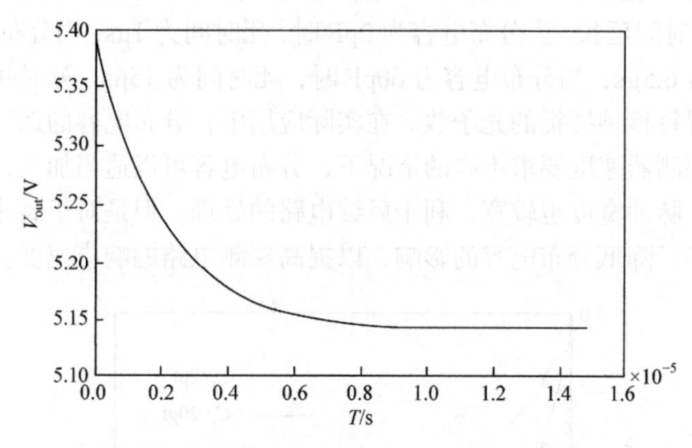

图 2.38　探测电路的输出电压@V_{bias}=33V

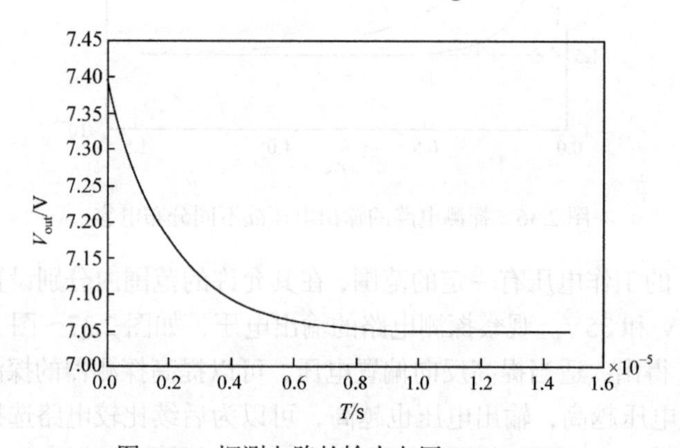

图 2.39　探测电路的输出电压@V_{bias}=35V

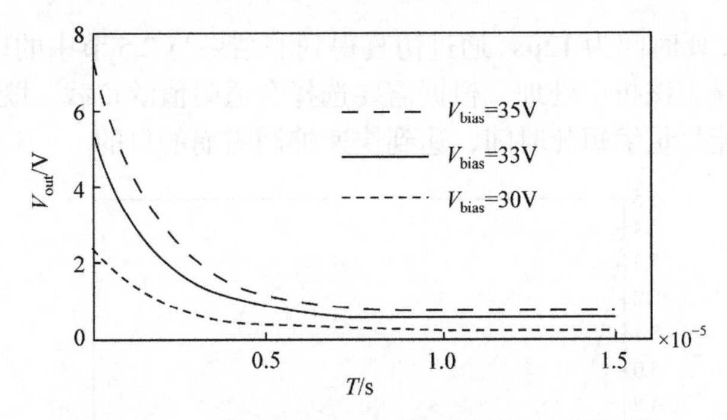

图 2.40　不同偏置电压下的电路输出电压对照图

图 2.41～图 2.43 表示了负载电阻对探测电路输出电压的影响。负载电阻分别为 10kΩ、100kΩ 和 500kΩ。

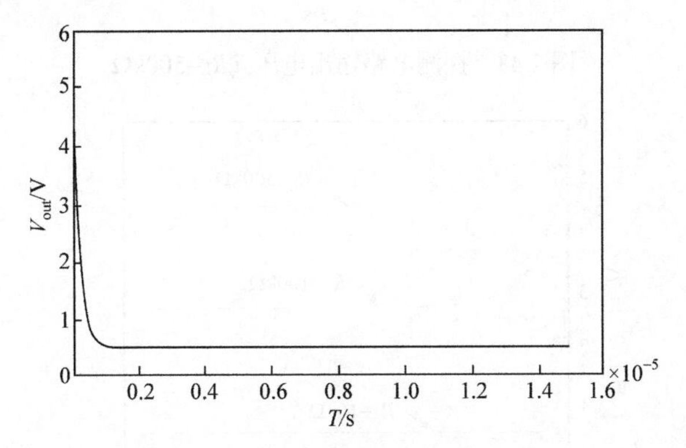

图 2.41　探测电路输出电压@R_L=10kΩ

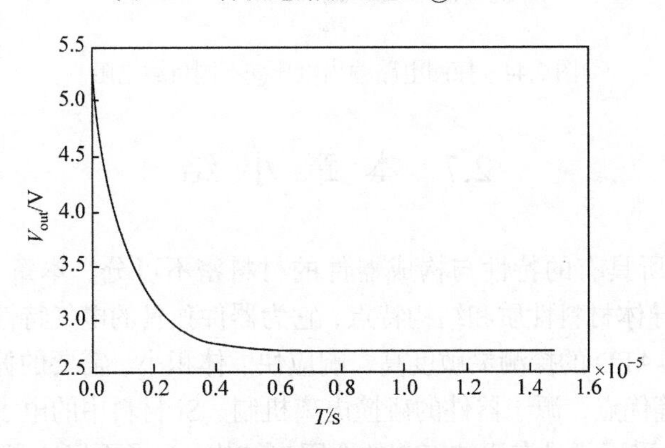

图 2.42　探测电路输出电压@R_L=100kΩ

分析图 2.44 可知，负载电阻的取值影响探测电路的死时间和输出电压。随着负载电阻的提高，输出电压将显著升高，死时间将明显延长。当负载电阻为 10kΩ 时，最低输出电压为 0.5V，死时间为 2μs；当负载电阻提高到 500kΩ 时，最低输出电压为 4.7V，死时间为 12μs。通过仿真得到的结果与 2.5 节中的理论分析一致，负载电阻的选择应该折中处理，根据需要选择合适阻值的负载，既能保持较高的输出电压，又能尽量缩短死时间，达到快速抑制雪崩的目的。

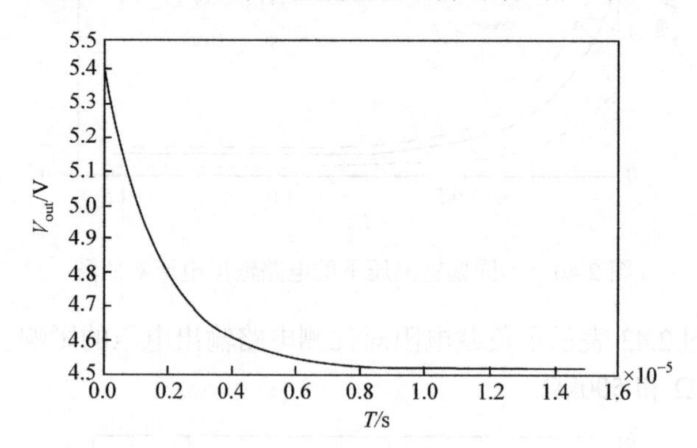

图 2.43　探测电路输出电压@R_L=500kΩ

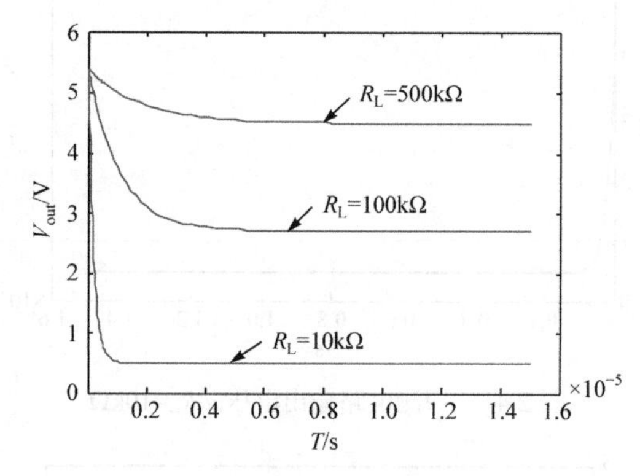

图 2.44　探测电路输出电压@不同负载电阻

2.7　本 章 小 结

GM-APD 所具有的特性与构成器件的材料密不可分。本章主要介绍了 Si GM-APD 的半导体材料性质和结构特点，它为器件独具的电气特性提供了物理和化学基础。GM-APD 的探测灵敏度高、响应快、体积小、需要的偏置电压低、不易受磁场干扰等优点，源于器件的碰撞电离机制、Si 材料中的电子较空穴更容易电离，以及器件采用了具有浅结工艺的全固态结构。为了更好地了解 GM-APD 的性能，本章还对器件的电气特性及影响特性的因素进行了分析，包括倍增因子、带宽和暗电流。本章论述了被动抑制电路和混合抑制电路的原理、工作过程与电路各自的时间响应。根据器件雪崩倍增的机理，建立了 GM-APD 的等效电路模型和 GM-APD 探测电路仿真模型，通过改变电路中元件的参数，分析电路中输出电流、输出电压和死时间的变化。通过仿真发现，提高反向偏置电压、入射光的照度和频率，将引起输出电流的增大；增大反向偏置电压、分布电容和负载电阻，输出电压也会增加；但是分布电容和负载电阻的提高将会导致死时间的延长，从而降低探测电路的探测效率；适当提高反向偏置电压，可以提高光子的探测率，但是又增加了后脉冲发生的概率。所以进行实际 GM-APD 探测电路设计时，应该根据以上结论，对电路中的元件参数折中处理，以达到整体电路的优化设计。

第3章 GM-APD的夜天光响应特性研究

3.1 引 言

微光成像系统利用夜暗环境下的微弱光线将已获得的目标信息增强，从而输出利于人眼观察的亮度图像。本章将夜天光作为辐射源，夜天光辐射的微弱光线在不同天气条件下变化较大。天空亮度等级可以分为满月光、晴朗星光、无月浓云和满月浓云等多种情况。如表3.1所示，不同天气情况下的地面景物照度相差7个数量级，而且它们辐射的光谱分布也有很大差异。夜天光除了有可见光辐射外，还包含丰富的近红外辐射。微光光电转换和倍增器件接收的就是这些辐射通量，输出的为电信号。对于所能利用的辐射能，取决于成像系统中光电转换器件的响应度。最大限度地利用器件应用环境下的光能，明确微光成像系统光源的辐射能量与波长的关系，以及器件自身随入射波长变化的光谱灵敏度，可以有针对性地进行器件材料的选择，充分提高夜天光源的光谱利用率，提高微光成像系统探测目标的能力，改善目标的观察效果。

表3.1 不同天气情况下地面景物的照度

天气情况	景物照度/lx
无月浓云	2×10^{-4}
无月中等云	5×10^{-4}
无月晴朗(星光)	1×10^{-3}
1/4月晴朗	1×10^{-2}
半月晴朗	1×10^{-1}
满月浓云	$2\times10^{-2}\sim8\times10^{-2}$
满月薄云	$7\times10^{-2}\sim15\times10^{-2}$
满月晴朗	2×10^{-1}
微明	1
黎明	10
黄昏	1×10^{2}
阴天	1×10^{3}

3.2　夜天光的光谱分布

夜天光的辐射是由各种自然辐射源的辐射综合形成的。月光、星光、大气辉光及日光、月光和星光的散射光是夜间天空自然光的主要来源。这些夜间自然光统称为夜天光。如图 3.1 所示，夜天光中黄道光占 15%，大气辉光占 40%，星光直射和散射占 30%，银河光占 5%，黄道光、银河光和大气辉光的散射占 10%。

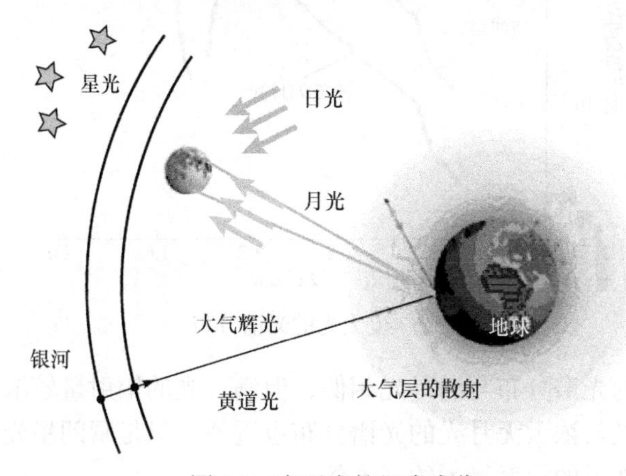

图 3.1　夜天光的组成成分

3.2.1　夜天光的光谱分布特点

在夜间不同天气条件下，夜天光的光谱分布也不相同。有月时，月光是夜天光的主要来源，其辐射包括两部分：一部分是月亮反射的太阳光，另一部分是月球自身辐射的光。月光加夜天光其他辐射源的最大照度为 0.431lx。此时，由于月光是反射的太阳光，夜天光的光谱分布取决于月光，它具有与太阳光相似的光谱分布。

满月时，夜天光主要集中在可见光范围内，如图 3.2 所示，其光谱峰值波长在 525nm，经过一段急剧下降后，大约在 1.6μm 处又出现次光谱峰。与晴朗星光相比，满月光时地面景物的照度强约 100 倍。

无月时，大气辉光、直射星光和散射星光是夜天光的主要组成部分。星光加夜天光其他辐射源的最大照度为 2.1×10^{-3}lx。明亮星光光谱分布的光谱能量从可见光区域到近红外区域逐步增加。星光和大气辉光在近红外区域增长很快，峰值在 1000～1300nm，使得夜天光的光谱能量向近红外区偏移，幅度变化接近 2 个数量级。在 0.3μm 和 1.2μm 之间，是一个急速的上升函数，在 1.2μm 处达到一个光辐射峰值，而在 1.4μm 附近，由于低空大气的吸收带而出现一个急降，在 1.6μm

处，又达到一个新的峰值。

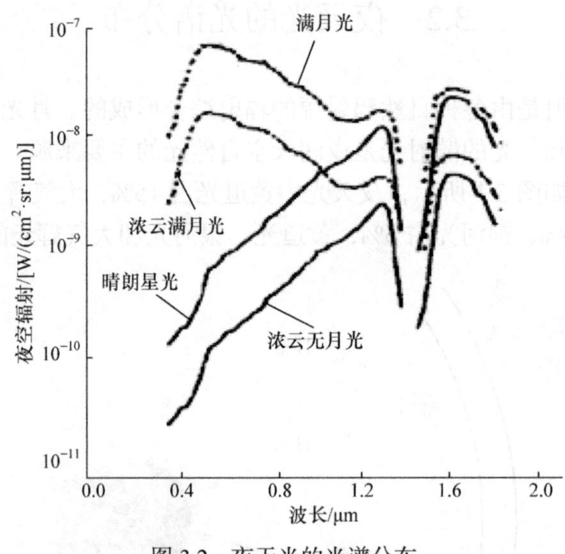

图 3.2　夜天光的光谱分布

浓云满月光的光谱分布与满月光相似，但满月光的辐射量较浓云满月光大约强 4 倍。晴朗星光与浓云无月光的光谱分布也近似，只是晴朗星光的辐射量比浓云无月光天气条件下的辐射量大约高 5 倍。

由此可见，有月和无月的夜空辐射在可见光范围内有较大变化，而在 1～2μm 波长范围内变化很小；无月时峰值均出现在 1μm 之后，即两个峰值波长都在红外范围内。而有月光的峰值波长位于可见光范围内。从物体辐射理论也可知，夜天光辐射中，晴朗星光的近红外辐射急剧增加，比可见光强得多，占整个晴朗夜空全部辐射的 90%以上。因此，充分利用这个波段内的天空辐射，将会大大提高微光成像系统的成像效果。

3.2.2　典型目标在夜天光下的反射光谱分布

在夜天光照射下，微光成像系统不是直接接收来自光源的光，而是接收目标反射的夜天光。其工作过程的实质是将目标在微光环境照射下的反射能量通过光学系统聚集到成像器件上之后，经过光电转换和倍增，再处理和显示为图像。

$$\text{Bright} = \int_{\lambda_1}^{\lambda_2} L(\lambda)\tau(\lambda)\eta(\lambda)\mathrm{d}\lambda \tag{3.1}$$

式中，Bright 为成像信号大小；$L(\lambda)$为目标对光源的反射能量，取决于光源的辐射能量和目标本身的表面反射特性；$\tau(\lambda)$为光学系统透过率；$\eta(\lambda)$为成像器件的量子效率；λ_1、λ_2分别为成像器件光谱敏感范围的下限和上限波长。

反射的种类依据反射辐射通量分布形状分为定向反射、散射反射和混合反射三种。在散射反射中，又分为定向散射反射和漫反射两类。漫反射有以下特点:

(1) 反射辐射通量分布在立体角 2π 内,反射辐射通量的辐射强度曲面呈球形，满足朗伯余弦定律。

(2) 漫反射时，反射表面在各个方向的亮度相等，且其亮度系数等于反射系数。在漫反射的情况下，既可以用亮度系数也可以用反射系数来描述，两者是等效的。

实验证明，除了反射镜、玻璃、水面和冰面外，一般目标表面都接近于漫反射的反射规律。以下着重研究绿色草木、混凝土和暗绿色涂层的反射特性，该特性通过反射系数表征。光谱反射系数是一定波长间隔 $\mathrm{d}\lambda$ 以内的反射辐射通量 $P_{\mathrm{r}\lambda}$ 和入射辐射通量 $P_{\mathrm{i}\lambda}$ 之比，即

$$\rho_\lambda = \frac{P_{\mathrm{r}\lambda}}{P_{\mathrm{i}\lambda}} \tag{3.2}$$

光谱反射系数 ρ_λ 与波长、温度、分界面种类和光洁度及入射角有关。对某一辐射源而言，分界面所反射的辐射能通量 P_{r} 与入射辐射能通量 P_{i} 之比，称为该分界面对一定辐射源、一定温度及一定入射角而言的积分反射系数γ，即

$$\gamma = \frac{P_{\mathrm{r}}}{P_{\mathrm{i}}} = \frac{\int \rho_\lambda P_{\mathrm{i}\lambda} \mathrm{d}\lambda}{\int P_{\mathrm{i}\lambda} \mathrm{d}\lambda} \tag{3.3}$$

暗绿色涂层、混凝土和绿色草木的反射曲线如图 3.3 所示。

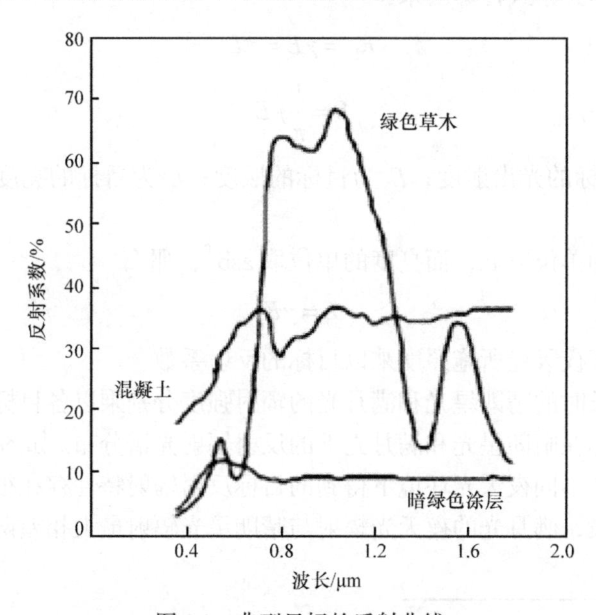

图 3.3　典型目标的反射曲线

图 3.3 中显示了暗绿色涂层、混凝土和绿色草木在可见光和近、中红外光谱区域内反射系数的变化。三种目标的反射特性都与波长有关，各有特点。从图 3.3 中观察可见，反射系数均大于 4%。三种目标的光谱分布范围主要在 0.4～1.8μm。在可见光区域，暗绿色涂层和混凝土的反射系数变化较大，在近、中红外区域以上两目标的反射系数基本保持恒定。其中暗绿色涂层的反射系数最低，从 0.38μm 处的 4%上升到 10%后继续上升，至 0.5μm 附近有一微小峰值后基本保持在 10%，分布较平坦。混凝土反射系数在 0.6μm 之前呈直线上升趋势，在 0.7μm 和 1.0μm 附近有微小峰值，0.8μm 处降至 28.4%，其反射系数在其他波长范围内有近似平坦的光谱反射曲线，约为 34.1%。在近、中红外区域，夜天光自然辐射比较强烈，绿色草木在这个光谱范围内也具有强烈反射，反射系数呈抛物线分布。在可见光区域和近红外区域有陡变的现象。在可见光范围内的反射系数从 0.4μm 的 4%增至 15%左右，在波长 0.6μm 处下降至 9%，之后迅速增加，在 0.8～1.1μm 达到最大值，约为 64%，是三种目标中反射系数的最大值，然后又迅速减小至 16%，1.6μm 附近有一约为 31.2%的小峰值。比较三条反射系数曲线，可以看出：混凝土和暗绿色涂层的反射光谱分布特点相似，两者的反射系数在整个波长范围内分布较平坦，但混凝土的反射系数要明显大于暗绿色涂层。绿色草木的反射光谱分布相对而言要稍复杂一些，反射系数总体比暗绿色涂层和混凝土都大，但是在 1.6μm 以后反射系数的下降速度比其他两个目标快。

在已知夜天光条件下，根据目标的照度和目标的反射系数，目标的亮度可以根据下面的基本关系式计算出来：

$$R_{\mathrm{E}} = \gamma E = \pi L \tag{3.4}$$

$$L = \frac{1}{\pi}\gamma E \tag{3.5}$$

式中，R_{E} 为目标的光出射度；E 为目标的照度；L 为目标的亮度；γ 为目标的反射系数。

如果照度的单位取 lx，而亮度的单位取 asb[①]，那么

$$L = \gamma E \tag{3.6}$$

即目标亮度等于夜天光所施照度乘以目标的反射系数。

将每一波长时的晴朗星光和满月光的辐射强度分别乘以各目标的反射系数，可以得到该目标在晴朗星光和满月光下的反射辐射光谱分布。如图 3.4～图 3.6 所示，同一目标在不同夜天光环境下得到的目标反射辐射特性存在很大差异。特别是在可见光波段，满月光的夜天光辐射与晴朗星光辐射最大相差两个数量级。因

① 1 asb=0.318 310 cd/m²。

此，满月光条件下目标的反射辐射明显高于晴朗星光的情况。因为暗绿色涂层和混凝土的反射特性在光源的光谱范围内分布较为平坦，所以它们的反射辐射光谱分布主要取决于光源的光谱分布，其分布与夜天光辐射的光谱相似。目标对光源的反射能量为

$$L(\lambda)=\int_{400}^{1800} L_{\mathrm{e}}(\lambda)\rho_{\lambda}\mathrm{d}\lambda \tag{3.7}$$

式中，$L_{\mathrm{e}}(\lambda)$为夜天光光谱辐射；400、1800 分别为夜天光谱的下限和上限波长，nm。由此可以得出，暗绿色涂层晴朗星光条件下的反射辐射只占满月光条件下的 21.8983%，混凝土和绿色草木分别占满月光条件下反射辐射的 25.4786%和 25.0244%。

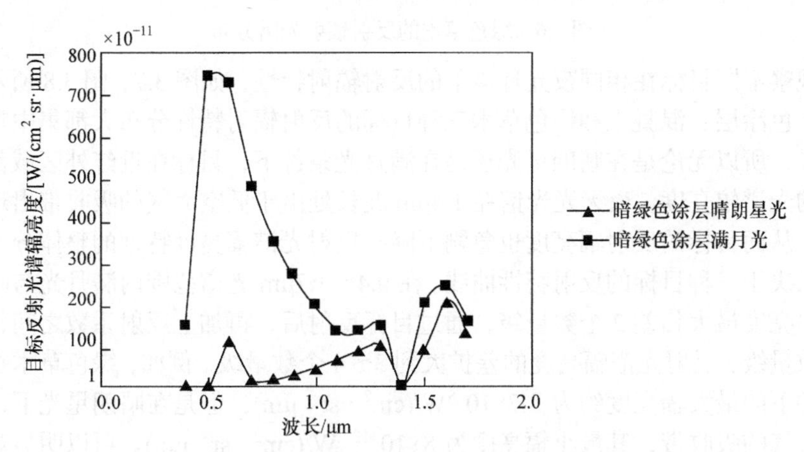

图 3.4　暗绿色涂层的反射辐射光谱分布

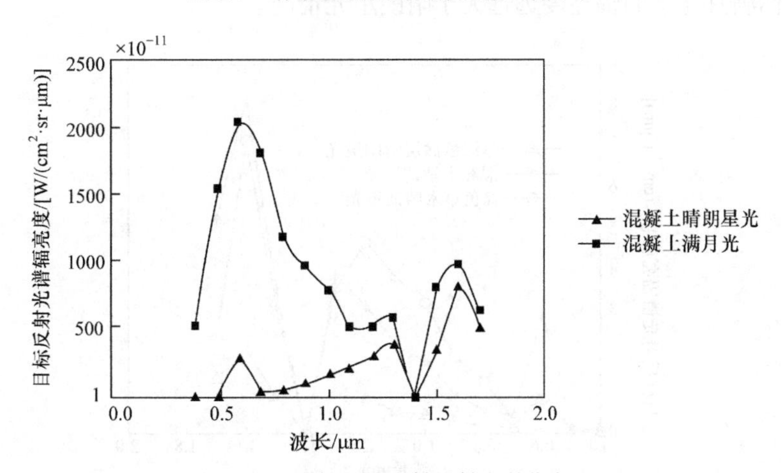

图 3.5　混凝土的反射辐射光谱分布

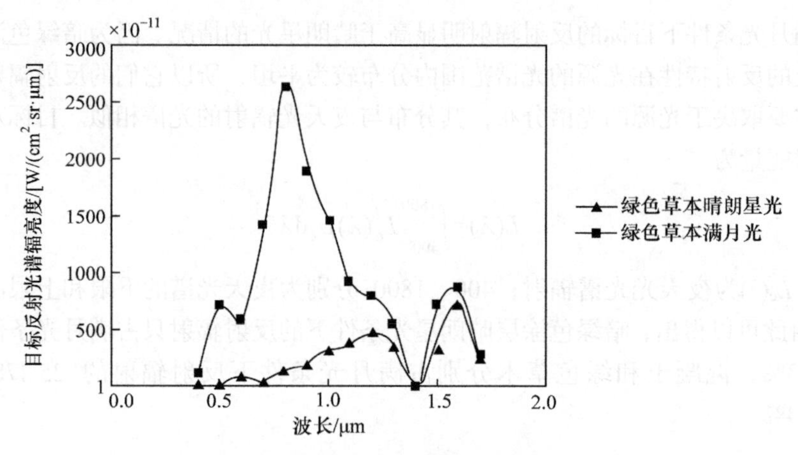

图 3.6　绿色草木的反射辐射光谱分布

观察不同目标在相同夜光环境下的反射辐射特性，如图 3.7、图 3.8 所示。因为暗绿色涂层、混凝土和绿色草木三种目标的反射辐射特性分布大都集中在近红外波段，所以无论是在晴朗星光还是在满月光条件下，目标在近红外区域都具有较高的光谱辐亮度。夜天光光谱在 1.4μm 波长处由于低空大气的吸收带出现一个急降，从而目标的反射辐亮度也急剧下降。反射光谱辐亮度特性的整体分布差异主要取决于三种目标的反射特性曲线。在 0.4～1.7μm 光谱范围内满月光与晴朗星光的辐亮度最大相差 2 个数量级，通过目标反射后，再加上反射系数之间相差的 1 个数量级，反射光谱辐亮度的差扩大到 3～4 个数量级。例如，绿色草木在满月光条件下的最大辐亮度约为 2.7×10^{-8}W/(cm^2 · sr · μm)，但是在晴朗星光下，除去低空大气的吸收带，其最小辐亮度为 8×10^{-12} W/(cm^2 · sr · μm)。可以明显观察到相同目标满月光下的辐亮度远远大于晴朗星光情况。

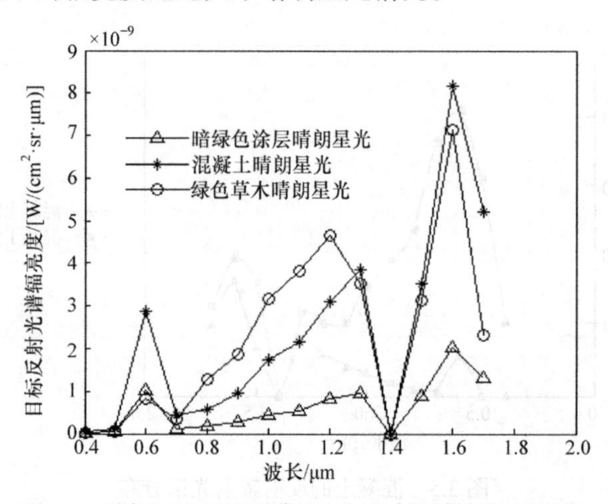

图 3.7　晴朗星光环境下典型目标反射辐射特性对照图

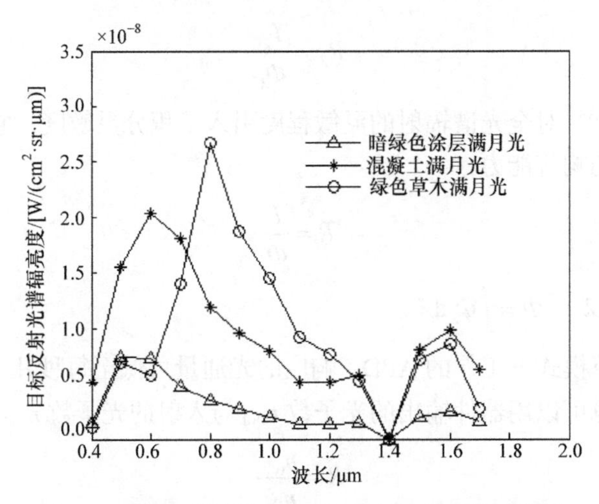

图3.8　满月光环境下典型目标反射辐射特性对照图

满月光环境下，暗绿色涂层、混凝土和绿色草木反射光谱的峰值分别位于0.5μm、0.6μm和0.8μm附近，对应峰值分别为7.33×10^{-9}W/(cm^2 · sr·μm)、2.03×10^{-8}W/(cm^2 · sr·μm)和2.67×10^{-8}W/(cm^2 · sr·μm)。在晴朗星光环境下，三种目标的反射光谱分布在近红外区域急剧上升。例如，混凝土的反射辐射由可见光波段的最大值3×10^{-9}W/(cm^2 · sr·μm)增至近红外区域的最大值8.5×10^{-9}W/(cm^2 · sr·μm)。在1.4μm之前，暗绿色涂层、混凝土和绿色草木的反射光谱辐亮度的峰值分别位于0.6μm、1.3μm、1.2μm，三种典型目标在晴朗星光环境下的峰值波长向近红外波段方向移动。

3.3　GM-APD的光学特性参数

GM-APD是利用物质的内光电效应把光信号转换成电信号的器件，其光学特性通过参数加以说明，为估算微光成像实验系统的性能提供依据。

3.3.1　灵敏度

APD在一定的光辐射作用下会产生信号输出(电压或电流)，一般用它的灵敏度特性(响应率)来表征其输出信号的强弱。灵敏度分光谱灵敏度和积分灵敏度，若输出信号采用电流的形式，光谱灵敏度是APD对波长为λ的单色光的响应能力，即当入射光为单色光时，输出的光电流I_λ与对应的入射光辐射通量Φ_λ之比：

$$R_{\lambda} = \frac{I_{\lambda}}{\Phi_{\lambda}} \tag{3.8}$$

为说明 APD 对全光谱辐射的灵敏程度引入了积分灵敏度，它表征了器件对全色入射辐射的响应能力：

$$R = \frac{I}{\Phi} \tag{3.9}$$

式中，$I = \int I_{\lambda} \mathrm{d}\lambda$；$\Phi = \int \Phi_{\lambda} \mathrm{d}\lambda$。

因为在盖革模式下工作的 APD，响应的光通量可低至每秒几十个光子，所以其积分灵敏度也可以用器件输出的光子数 n_{out} 与入射的光子数 n_{inc} 之比来表征：

$$R = \frac{n_{\text{out}}}{n_{\text{inc}}} \tag{3.10}$$

为了更好地了解 GM-APD 的灵敏度特性，采用具有单色光谱的发光二极管(Light Emitting Diode, LED)作为光源，记录 GM-APD 输出的光子计数值。LED 的发光光谱范围是有限宽度的，具有较好的单色性。实验中，LED 的峰值波长分别为 516nm 和 645nm，调整两组光源的照度，照度范围为 5.4×10^{-5}～5.4×10^{-4}lx，测量不同照度条件下的红色光谱和绿色光谱对应的光子计数输出。

首先，按照图 3.9 将光源置于积分球中，积分球中任意一点的照度由两部分组成，分别是光源直照在该点上的照度和球壁上多次漫反射产生的照度。若用挡屏遮住直射光，如图 3.10 所示，则积分球出光口端的照度只取决于漫反射后的照度。漫反射光经过积分球的空间积分，可以得到均匀照度，从而提高测量数据的稳定性。

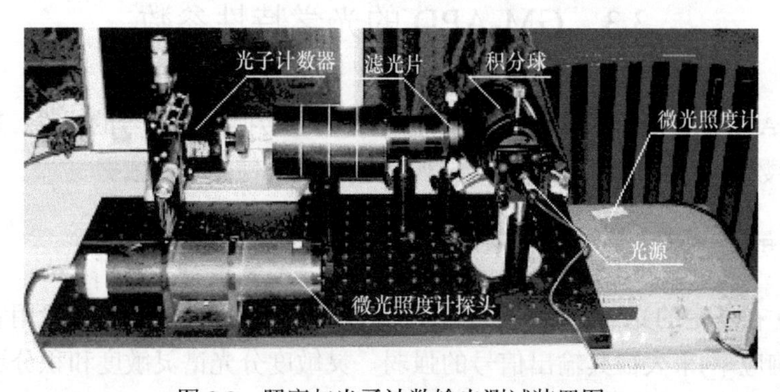

图 3.9　照度与光子计数输出测试装置图

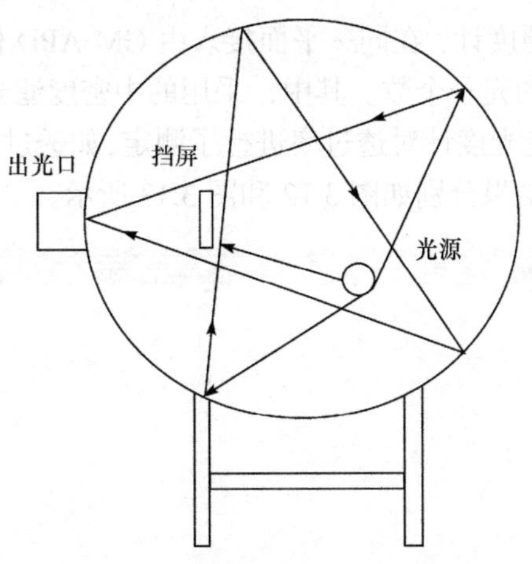

图 3.10　积分球中的挡屏和光源位置

其次，将微光照度计接到积分球的出光口，测得照度值。由于微光照度计探头测得的照度与探头受光面积有关，为了提高测量值的准确性，选择了和探头直径相匹配的遮光筒，使探头紧密插在遮光筒内，测出三组照度值再取平均值，即该条件下的照度值。微光照度计采用的是中国测试技术研究院生产的 SPD-Ⅲ型微弱光照度计，为了保证测量的精度，对微弱光照度计进行标定，检定证书如图 3.11 所示。

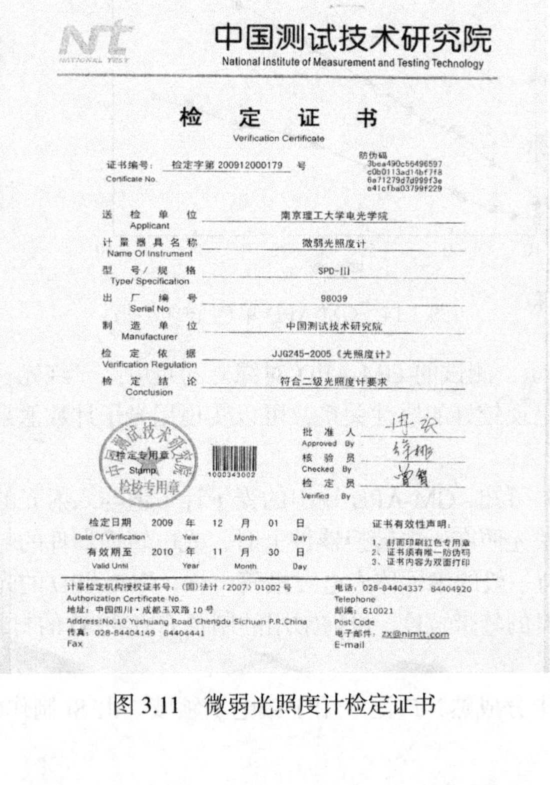

中国测试技术研究院
National Institute of Measurement and Testing Technology

检　定　证　书
Verification Certificate

证书编号：检定字第 200912000179 号
Certificate No.

防伪码
3bea490c56496597
c0b0113ad14bf7f8
6a71279d7d999f3e
e41cfba03799f229

送检单位 Applicant：南京理工大学电光学院
计量器具名称 Name Of Instrument：微弱光照度计
型号/规格 Type/ Specification：SPD-III
出厂编号 Serial No：98039
制造单位 Manufacturer：中国测试技术研究院
检定依据 Verification Regulation：JJG245-2005《光照度计》
检定结论 Conclusion：符合二级光照度计要求

检定专用章 Stamp 检校专用章
1000343002

批准人 Approved By
核验员 Checked By
检定员 Verified By

检定日期 Date Of Verification　2009 年 Year　12 月 Month　01 日 Day
有效期至 Valid Until　2010 年 Year　11 月 Month　30 日 Day

证书有效性声明：
1、封面印刷红色专用章
2、证书须有唯一防伪码
3、证书内容为双面打印

计量检定机构授权证书号：(国)法计(2007) 01002 号
Authorization Certificate No.
地址：中国四川·成都玉双路 10 号
Address:No.10 Yushuang Road Chengdu Sichuan P.R.China
传真：028-84404149　84404441
Fax
电话：028-84404337　84404920
Telephone
邮编：610021
Post Code
电子邮件：zx@nimtt.com
E-mail

图 3.11　微弱光照度计检定证书

最后，移开微光照度计，在同一平面接入由 GM-APD 构成的光子计数器，记录在已知光照条件下的光子个数。其中，采用的中密度滤光片均用美国珀金埃尔默公司的 Lambda 分光光度计对透过率进行了测定，如透过率为 80.02%和 79.85%的中密度滤光片测定结果分别如图 3.12 和图 3.13 所示。

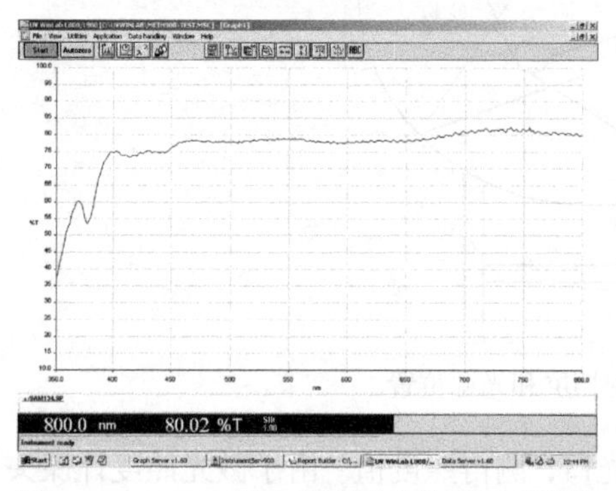

图 3.12 80.02%的中密度滤光片透过率测定

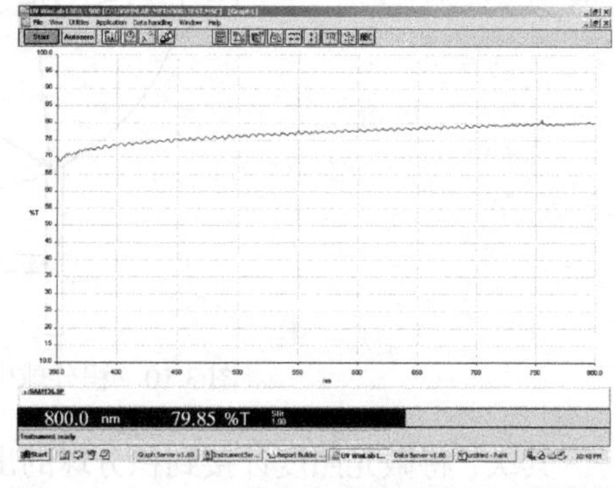

图 3.13 79.85%的中密度滤光片透过率测定

GM-APD 单色光响应曲线如图 3.14 所示。

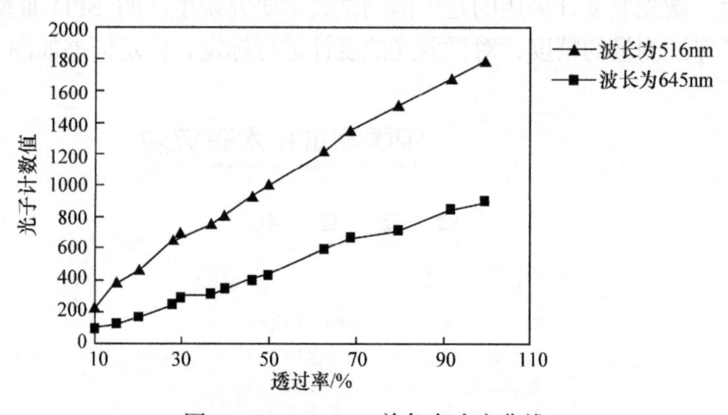

图 3.14 GM-APD 单色光响应曲线

如图 3.14 所示，测试的 GM-APD 对绿光的响应高于红光。器件接收的照度与输出的光子数呈现较好的线性关系，可以实现用光子计数值来反映景物照度的初衷。

通过以上实验可知，GM-APD 输出的光子计数值与入射光的波长具有密切关系。光谱特性反映光照在光电转换器件上时，光电转换器件的响应能力随入射波长变化的特性。与一般的半导体光电二极管一样，GM-APD 的光谱响应范围主要取决于半导体材料的禁带宽度。目前常用的制备 GM-APD 的材料有 Si、Ge 和Ⅲ-Ⅴ族化合物。

Si 材料技术十分成熟，广泛应用于微电子领域。由 Si 制作的 GM-APD 探测器逐渐趋于成熟。Si 的禁带宽度为 1.12eV，由于禁带宽度较大，上限波长较低，光谱工作范围为 400～1100nm。虽然 Ge 的光谱响应满足光纤传输的低损耗、低色散要求，但在制备工艺中存在很大的困难。同时，Ge 的电子和空穴的离化率比值接近 1，固有噪声比较大，因此很难制备出高性能的 GM-APD 器件，目前已有的 Ge APD 的光谱工作范围为 500～1550nm。InGaAs 是一种Ⅲ-Ⅴ族的合金，为窄带隙材料，工作光谱为 900～1700nm。

3.3.2　量子效率

光电器件吸收入射光子，如果光子能量大于禁带宽度，那么在器件内会引起本征激发而产生电子-空穴对。量子效率 η 就是指器件产生的电子-空穴对的数目与入射光子数之比。由于量子效率是对某一特定波长定义的，即

$$\eta_{\lambda} = \frac{hc}{\mathrm{e}\lambda} R_{\lambda} \tag{3.11}$$

式中，h=6.63×10^{-34}J·s，为普朗克常数；c 为光速，3×10^{8}m/s；e 为一个电子电荷，其值为 1.6×10^{-19}C；λ 为波长；R_{λ} 为器件的光谱灵敏度。对于理想的器件，每一个入射光子将使一个电子在外电路中流过，此时的量子效率为 1。实际上量子效率受限于其他因素，如未完成的吸收、复合、表面反射和接触屏蔽。对量子效率施加的这些限制也会限制器件的响应度。

考虑半导体材料的参数与量子效率的关系，量子效率也可以表示为

$$\eta_{\lambda} = 1 - \exp(-\alpha_{\lambda} W) \tag{3.12}$$

式中，α_{λ} 为半导体材料的吸收系数，它表征了半导体的光吸收系数随波长的变化情况，如图 3.15 所示；W 为耗尽层的宽度。由式(3.12)可知，当吸收系数等于零时，对应的量子效率为 0。同时，光响应也存在短波限。因为在波长很短时，吸

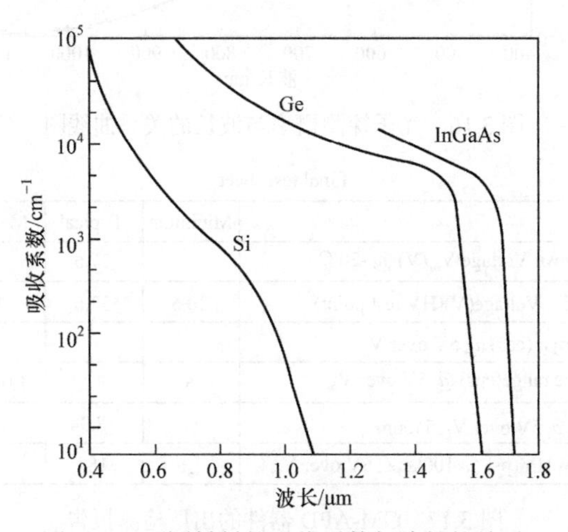

图 3.15　不同材料的吸收系数与波长的关系

收系数很大，大部分辐射在表面附近被吸收掉了，加上表面的复合时间又很短，导致光生载流子在被收集之前就已经复合了。通过分析得到了与 3.3.1 小节中讨论的 GM-APD 光谱特性相吻合的结论。

3.3.3　光子探测概率

光子探测概率也是 GM-APD 的一个重要参数，它代表光子被探测和产生足够幅度去触发比较电路的概率。光子探测概率等于器件量子效率和雪崩起始概率的积，因此，它也与波长有关。光子探测概率是器件对一定能量的光子的最大灵敏度。提高光子探测概率需要提高量子效率，如加防反射层；或者是提高雪崩激发概率 P_{trig} 以确保器件的峰值电场尽量接近临界击穿电场。

GM-PAD 的光子探测概率与波长的关系曲线如图 3.16 所示，器件的出厂检测报告如图 3.17 所示。在波长为 540nm 的条件下，所采用器件的光子探测概率 PDP=18.1132，$\eta_\lambda=18.34$，并且两者满足如下关系：

$$\mathrm{PDP}=\eta_\lambda \cdot P_{\mathrm{trig}} \tag{3.13}$$

可以得出雪崩起始概率大约为 98.76%。

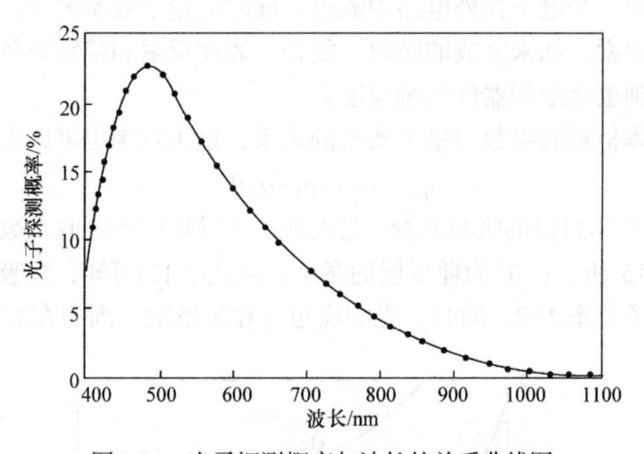

图 3.16　光子探测概率与波长的关系曲线图

Final test sheet

	Minimum	Typical	Maximum
Breakdown Voltage V_{br}(V) @ -20℃		27.6	
APD Bias Voltage(V)(HV test point)	30.6	32.6	34.6
Dark Coynt(cos) @ 5V over V_{br}		4	
Dynamic range(cps) @ 5V over V_{br}	5		1.04×10^7
QE(%) @ 5V over V_{br} 540nm		18.34	
Jitter FWHM(ps) @ 100kcps, 5V over V_{br}		184	

图 3.17　GM-APD 器件的出厂检测报告

3.4 夜天光下 GM-APD 的光子分布

3.4.1 夜天光光子辐射出射度分布

微光成像系统利用的是夜天自然光的辐射。如图 3.2 所示，已知在满月光、浓云满月光、晴朗星光和浓云无月光四种天气条件下的夜天光光谱分布，将夜天光近似为朗伯光源，夜天光辐射的辐射出射度为

$$M_0 = \pi L_0 \tag{3.14}$$

式中，L_0 为夜天光的辐射亮度。

由式(3.14)可知，夜天光的辐射亮度与辐射出射度之间为π倍的关系。不同天气条件下的夜天光光谱分布不同，并且同一天气情况下夜天光也具有自身的光谱分布特征，可以根据式(3.14)计算出相应的光谱辐射出射度。根据辐射出射度计算辐射源单位时间、单位面积向空间发射的光子数，如图 3.18 所示。

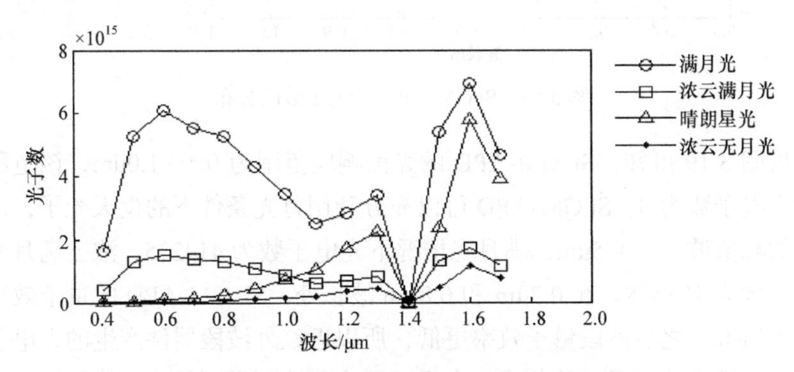

图 3.18 不同天气条件下夜天光的光子数分布

分析图 3.18 可知，不同天气条件不同波长下夜天光辐射的光子数存在很大差异，最大单色辐射光子数为 6.96×10^{15}，除了 1.4μm 处的低空大气吸收带外，最小单色辐射光子数为 2.53×10^{12}，两者相差 3 个数量级。满月光和浓云满月光情况下，均在 0.6μm 处出现了次光子数峰值，光子数分别为 6.1×10^{15} 和 1.53×10^{15}；1.6μm 位置出现了光子数峰值，光子数分别为 6.96×10^{15} 和 1.74×10^{15}。光子的波长越长，其单光子能量越小，在辐射亮度相同的条件下，对应的光子辐射出射度也越大。晴朗星光和浓云无月光条件下，可见光波段的辐射亮度较低，其光子数明显低于满月光和浓云满月光两种情况。但是在大于 1μm 的波长范围内，晴朗星光条件下的光子数高于浓云满月光的情况，1.6μm 处的最大光子数达到 5.79×10^{15}。浓云无月光时 1.6μm 处的光子数峰值为 1.1×10^{15}。0.4～1.7μm 波段，满月光、浓云满月

光、晴朗星光和浓云无月光情况下夜天光总的辐射光子数为 5.75×10^{16}、1.44×10^{16}、1.88×10^{16} 和 3.76×10^{15}。

3.4.2 不同材料的 GM-APD 对夜天光的光子分布

Si GM-APD 的像元直径为 20μm，其量子效率可以根据图 3.16 得出。在单位时间内 Si GM-APD 的光敏面接收的光子经光电转换且无倍增时，器件产生的光电子数分布如图 3.19 所示。由于在不同天气条件下产生光电子数的差异较大，图中纵坐标是器件产生的光电子数取自然对数后的数值。

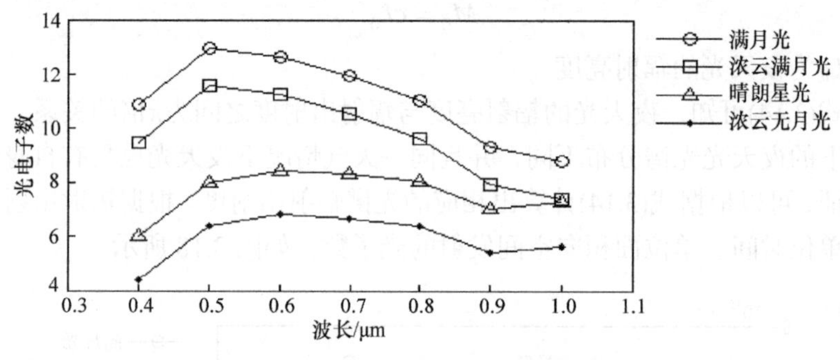

图 3.19 Si GM-APD 光电子数的分布

分析图 3.19 可知，Si GM-APD 的光谱响应范围为 0.4～1.0μm，该范围以外波段的光电子数为 0。Si GM-APD 可以充分利用月光条件下的夜天光子，产生光电子数的峰值波长为 0.5μm，满月光情况下光电子数为 414235，浓云满月光情况下光电子数为 103558。在 0.7μm 和 0.8μm 波长处，Si GM-APD 的量子效率分别为 9%和 3.8%，之后波段量子效率更低，所以近红外波段器件产生的光电子数远远小于在可见光的情况。从曲线上来看，月光环境下得到的分布曲线都在晴朗星光上部。晴朗星光环境下 Si GM-APD 产生光电子数的峰值波长为 0.6μm，晴朗星光和浓云无月光的光电子数分别是 4431 和 886。满月光与浓云无月光的光电子数相差 3 个数量级。晴朗星光与浓云满月光的光子辐射出射度在 1μm 处相等，在该波长下，上述两种天气情况 Si GM-APD 产生的光电子数也相等。Si GM-APD 在满月光、浓云满月光、晴朗星光和浓云无月光天气条件下产生的总的光电子数为 1016338、254084、17303 和 3460。

如 3.3.2 小节所述，半导体器件的材料对器件的光谱特性影响很大。目前，GM-APD 较为常用的材料除了 Si，还有 InGaAs。以下对 InGaAs GM-APD 在不同夜天光环境下的响应特性进行讨论，为在不同探测环境中器件的选择提供依据。

InGaAs GM-APD 的量子效率曲线如图 3.20 所示。其光谱范围为 900～

1700nm。InGaAs GM-APD 的量子效率在 1025～1625nm 波段大于 2%，在 1300nm 处达到 12.3%，为峰值波长。整条光谱响应曲线较为平坦，可以在较大的波长范围内利用夜天光的辐射光子。利用器件像元直径为 20μm，同理，计算出 InGaAs GM-APD 单位时间内器件光敏面接收的夜天光光子经过光电转换且无倍增时产生的光电子数，如图 3.21 所示。

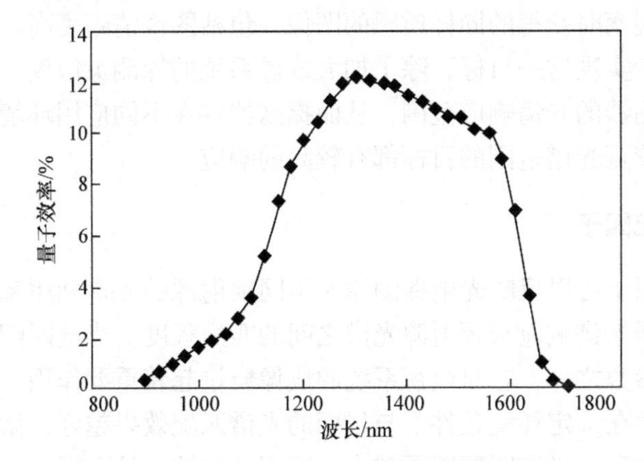

图 3.20　InGaAs GM-APD 的量子效率曲线

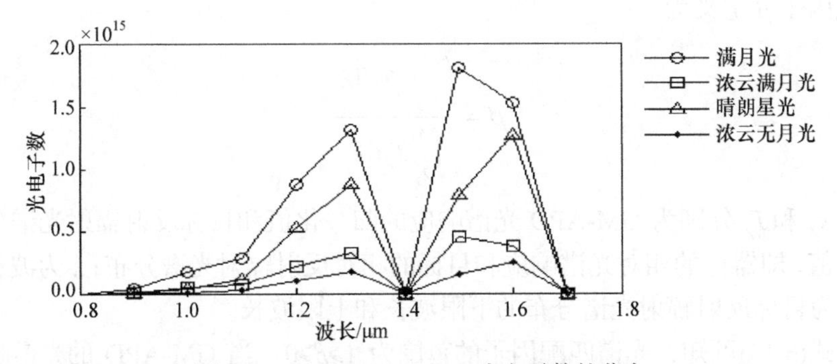

图 3.21　InGaAs GM-APD 光电子数的分布

InGaAs GM-APD 在不同天气条件下产生的光电子数的分布差异相对 Si 器件要小，除了大气吸收带，光电子数大都集中在 40000 左右。由于夜天光光谱分布的相似性，满月光和浓云满月光天气下产生光电子数的峰值波长为 1.5μm，数值分别为 180902 和 45225。晴朗星光和浓云无月光条件下光电子数的峰值波长移动到 1.6μm，光电子数分别为 127427、25485。满月光、浓云满月光、晴朗星光和浓云无月光情况下，在 1.3μm 的位置均为次波峰，器件产生的光电子数分别为 131876、32969、87388 和 17477。InGaAs GM-APD 在上述四种天气条件下产生的总的光电子数为 602325、150581、362302、72460。

3.5 GM-APD 与典型目标的光谱匹配

微光成像技术作为人眼的助视器发展至今，人们对它的要求显然是在增强亮度、放大视角的同时保持目标原始对比度的损失最小。理想性能是提供给人眼一个和在日光下观察时获得的同样质感的图像，包括图像清晰度高、细节丰富、对比度高等。为了实现这一目标，除了加大成像系统的探测灵敏度，还应扩展成像系统中光电探测器的光谱响应范围，从而提高器件在不同应用环境下的光谱利用率，使器件对较宽光谱范围的目标都有较高的响应。

3.5.1 光谱匹配因子

光谱匹配因子可以反映光电探测器对不同辐射源的光谱利用率，它能有效地表征光电探测器光谱响应与辐射源光谱之间的匹配程度。光谱匹配因子是微光夜视系统的重要参数之一，它对夜视系统的成像质量起着重要作用。光谱匹配因子越大，表示器件在一定环境条件下与目标的光谱匹配效果越好，微光夜视系统获得的图像质量越高；光谱匹配因子越小，匹配性越差，从而观测效果也越差。光谱匹配因子 β 定义为

$$\beta=\frac{\int_{\lambda_1}^{\lambda_2} s_\lambda T_\lambda \mathrm{d}\lambda}{\int_{\lambda_1}^{\lambda_2} T_\lambda \mathrm{d}\lambda} \tag{3.15}$$

式中，s_λ 和 T_λ 分别为 GM-APD 光谱响应的归一化值和目标反射辐射光谱分布的归一化值，即器件的相对光谱响应和目标的相对反射辐射光谱分布；λ 为波长；λ_1、λ_2 分别为目标反射辐射光谱分布的下限波长和上限波长。

由式(3.15)可知，光谱匹配因子的范围为 $1\geqslant\beta\geqslant0$。当 GM-APD 的光谱响应分布与目标反射辐射光谱分布完全不重合时，β 为最小值 0；当 GM-APD 的光谱响应分布的归一化值在整个目标反射辐射光谱范围内恒等于 1 时，β 取最大值 1，该情况下夜天光光谱能量没有损失，全部被 GM-APD 接收，夜天光光谱利用率也为最大值 100%。

3.5.2 GM-APD 与典型目标的匹配结果

图 3.4～图 3.6 分别求出了暗绿色涂层、混凝土和绿色草木三种典型目标在晴朗星光和满月光下的反射辐射光谱分布，根据式(3.16)计算出各种目标反射辐射光谱分布的归一化值 T_λ。其中，$T(\lambda)$表示各种目标反射辐射光谱分布，T_{m} 表示各种

目标反射辐射光谱分布中的最大值。

$$T_{\lambda}=\frac{T(\lambda)}{T_{\mathrm{m}}} \tag{3.16}$$

据此，算出暗绿色涂层、混凝土和绿色草木反射辐射光谱分布的归一化值，如表 3.2 所示。

表 3.2　暗绿色涂层、混凝土和绿色草木反射辐射光谱分布的归一化值

波长/nm	暗绿色涂层		混凝土		绿色草木	
	晴朗星光	满月光	晴朗星光	满月光	晴朗星光	满月光
450	0.011017	0.542851	0.006476	0.502939	0.001924	0.098881
475	0.016143	0.759312	0.008779	0.650888	0.003044	0.149375
500	0.026165	0.940691	0.013397	0.759241	0.006363	0.238663
525	0.036751	0.993376	0.019763	0.842023	0.012158	0.342843
550	0.041666	1.000000	0.025138	0.950985	0.014057	0.351954
575	0.044920	0.965522	0.029100	0.985919	0.012170	0.272904
600	0.050706	0.923036	0.034744	0.996929	0.010484	0.199104
625	0.051234	0.835243	0.038915	1.000000	0.011223	0.190867
650	0.055306	0.747979	0.043039	0.917503	0.014485	0.204368
675	0.057208	0.661470	0.048802	0.889438	0.030554	0.368551
700	0.058993	0.605636	0.054685	0.884924	0.045064	0.482639
725	0.061920	0.565341	0.060226	0.866751	0.077560	0.738753
750	0.0648070	0.530788	0.064079	0.827264	0.111097	0.949259
775	0.076336	0.494900	0.064947	0.663703	0.147854	1.000000
800	0.081935	0.441081	0.068477	0.581059	0.163499	0.918211
825	0.090787	0.406729	0.080262	0.566791	0.179031	0.836739

根据式 3.16，可以求出 Si GM-APD 的光谱响应归一化值曲线：

$$s_{\lambda}=\frac{s(\lambda)}{s_{\mathrm{m}}} \tag{3.17}$$

式中，$s(\lambda)$为 Si GM-APD 的光谱响应；s_{m} 为 Si GM-APD 光谱响应中的最大值。

通过计算得到在满月光条件下 Si GM-APD 与暗绿色涂层、混凝土和绿色草木的匹配结果。为了直观起见，图中的匹配结果均指目标的相对反射辐射光谱分布的特性曲线与器件相对光谱响应曲线相乘得到的曲线。如果将曲线在光谱范围 400～1750nm 中积分，即该乘积曲线与横轴所包围的面积。光谱匹配因子就等于乘积曲线与横轴包围的面积除以目标的相对反射辐射光谱分布的特性曲线与横轴所包围的面积，如图 3.22～图 3.24 所示。

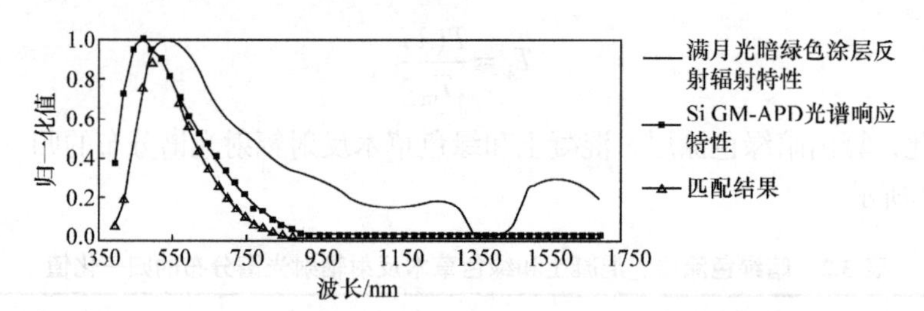

图 3.22　满月光下 Si GM-APD 与暗绿色涂层的匹配结果

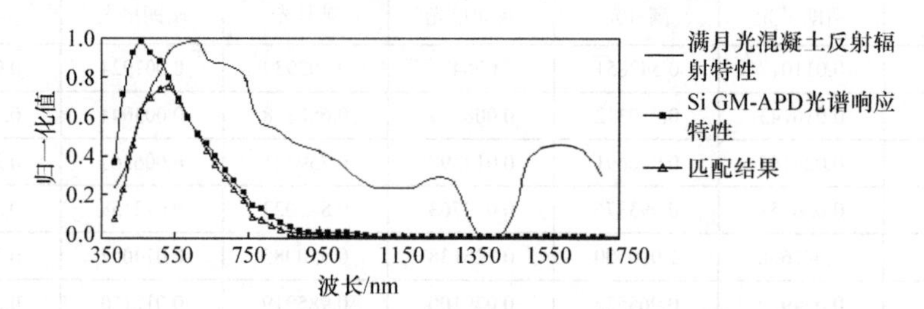

图 3.23　满月光下 Si GM-APD 与混凝土的匹配结果

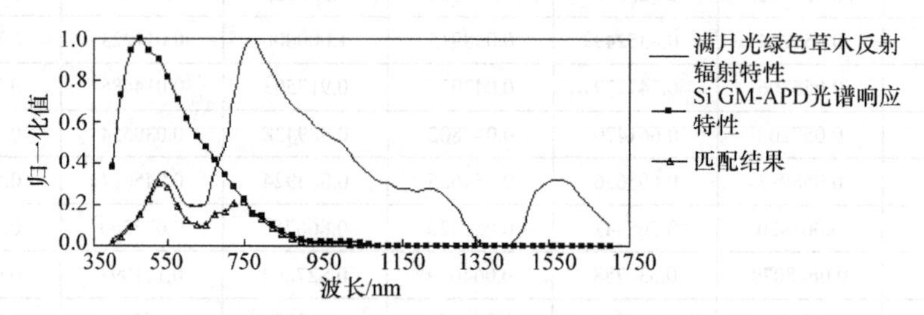

图 3.24　满月光下 Si GM-APD 与绿色草木的匹配结果

对以上三幅图分析可知，由于 Si GM-APD 的光谱响应范围是 400～1100nm，在满月光环境下三种典型目标的相对反射辐射在 400～1750nm 光谱范围内均有分布。两者的共有波长集中在 400～1100nm，在 1100nm 以后的光谱波段匹配结果为 0。Si GM-APD 的光谱响应的峰值波长在 475nm 处，光谱响应曲线较为陡峭。峰值波长分别为 550nm 的暗绿色涂层和 625nm 的混凝土与器件峰值波长最为接近，图形吻合性好，光谱匹配结果较好。Si GM-APD 与暗绿色涂层的光谱匹配因子为 0.3784；与混凝土的光谱匹配因子为 0.3057。由于绿色草木的反射辐射光谱分布的峰值波长在 775nm 位置，并且能量大多集中在该波长之后，之前的反射辐射较弱，不能被 Si GM-APD 充分利用，相对光谱匹配结果较差，光谱匹配因子为 0.1648。

同理，计算得到在晴朗星光条件下 Si GM-APD 与暗绿色涂层、混凝土和绿色草木的光谱匹配结果，如图 3.25～图 3.27 所示。

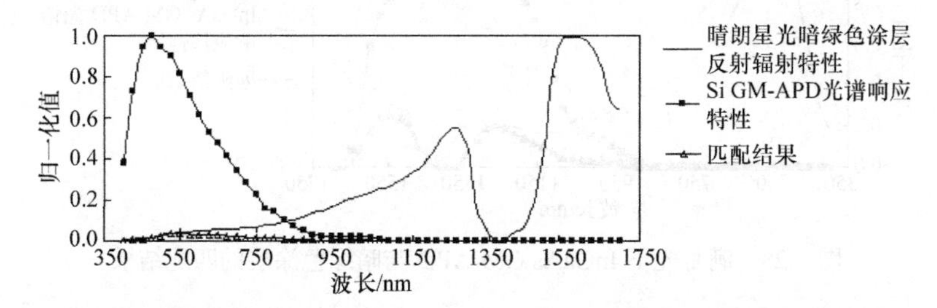

图 3.25　晴朗星光下 Si GM-APD 与暗绿色涂层的匹配结果

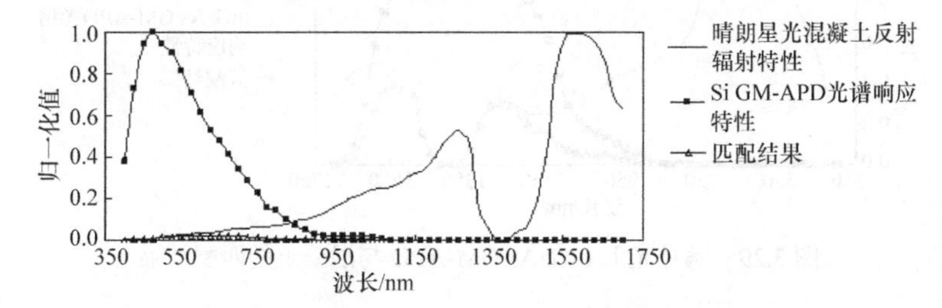

图 3.26　晴朗星光下 Si GM-APD 与混凝土的匹配结果

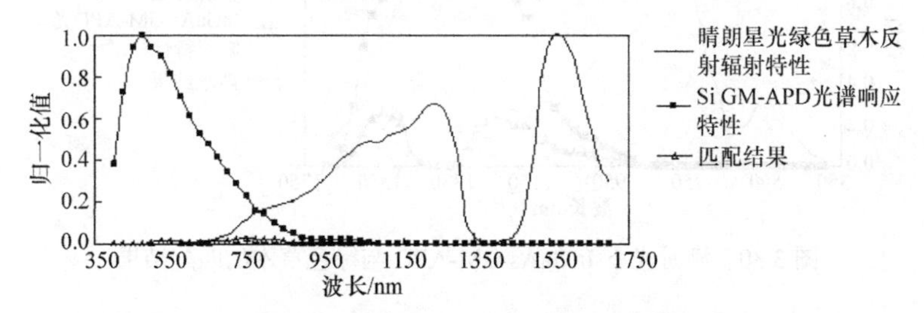

图 3.27　晴朗星光下 Si GM-APD 与绿色草木的匹配结果

在晴朗星光环境下，三种典型目标的反射辐射能量绝大部分都集中在 950nm 波长以后，与满月光环境相比，目标的反射辐射能量均移向近红外区域。Si GM-APD 的相对光谱响应在 950nm 处只有 0.0069，随着波长增加到 1100nm 变为 0，对波长大于 1100nm 的反射辐射能量没有响应。所以在晴朗星光下，Si GM-APD 与三种典型目标的匹配效果差，与暗绿色涂层、混凝土和绿色草木的光谱匹配因子分别为 0.0278、0.0213 和 0.0178。

3.5.3　InGaAs GM-APD 与典型目标的匹配结果

同理，计算得到在满月光条件下，InGaAs GM-APD 与暗绿色涂层、混凝土和绿色草木的匹配结果，如图 3.28～图 3.30 所示。

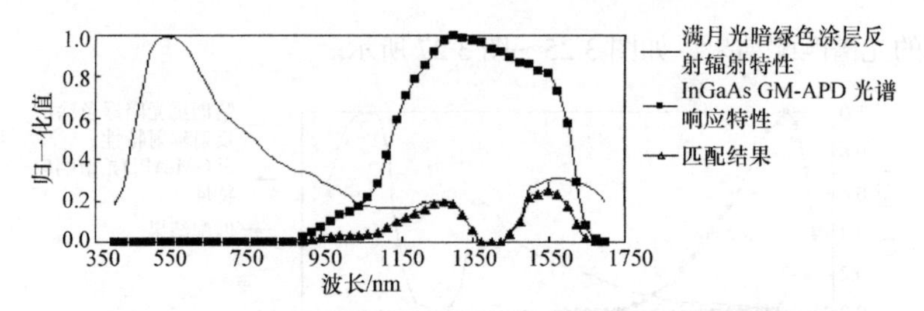

图 3.28　满月光下 InGaAs GM-APD 与暗绿色涂层的匹配结果

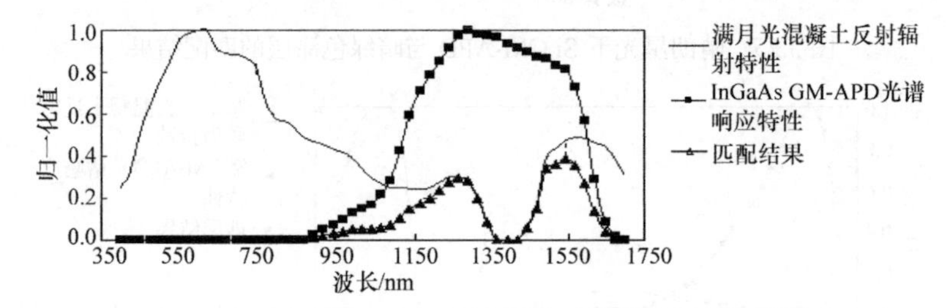

图 3.29　满月光下 InGaAs GM-APD 与混凝土的匹配结果

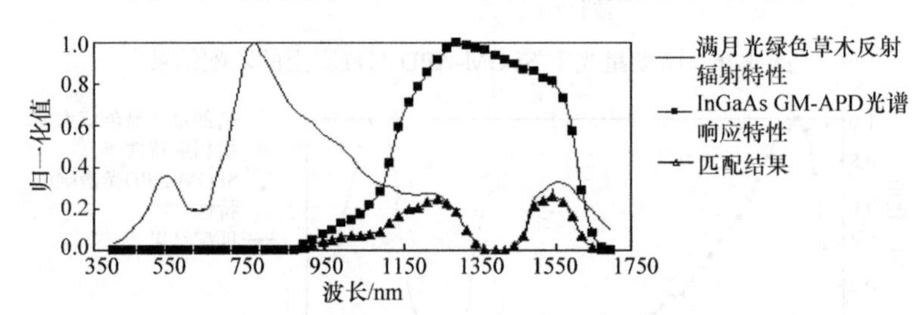

图 3.30　满月光下 InGaAs GM-APD 与绿色草木的匹配结果

满月光环境下的目标反射辐射能量大都集中在 400～1150nm，并且三种目标的反射辐射光谱特性中的峰值波长分别为 550nm、625nm 和 775nm，都没有落在 InGaAs GM-APD 的工作波长范围内，所以器件只能利用波长大于 900nm 的反射辐射能量。由于器件光谱特性较为平坦，可以充分利用满月光环境下目标在近红外区域的光能，与暗绿色涂层、混凝土和绿色草木的光谱匹配因子分别为 0.1536、0.1849 和 0.1998。

在晴朗星光条件下，InGaAs GM-APD 与暗绿色涂层、混凝土和绿色草木的匹配结果，如图 3.31～图 3.33 所示。

从图中可以明显看出，在晴朗星光环境下，目标的反射辐射光谱波段与器件的光谱响应范围吻合较好，InGaAs GM-APD 与暗绿色涂层、混凝土和绿色草木的光谱匹配因子分别为 0.4979、0.5021 和 0.4972，匹配效果良好。

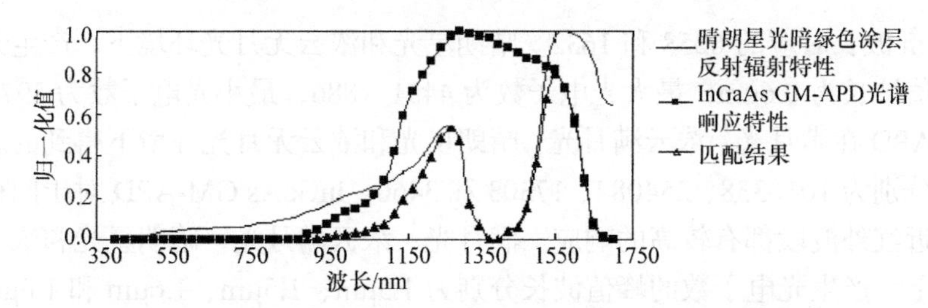

图 3.31　晴朗星光下 InGaAs GM-APD 与暗绿色涂层的匹配结果

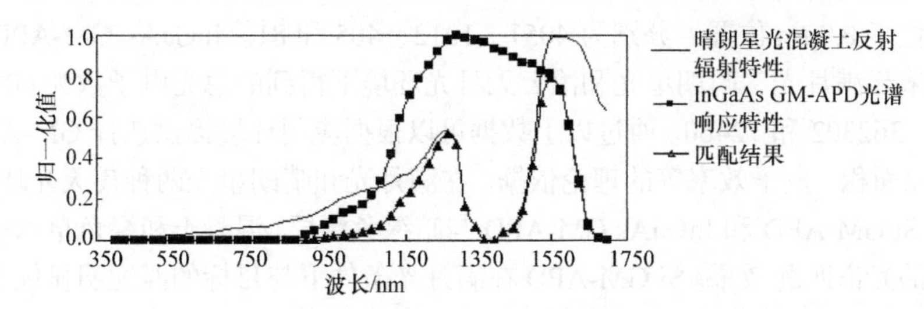

图 3.32　晴朗星光下 InGaAs GM-APD 与混凝土的匹配结果

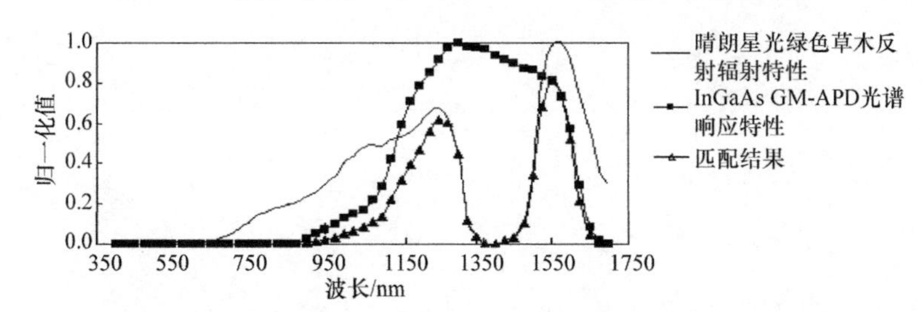

图 3.33　晴朗星光下 InGaAs GM-APD 与绿色草木的匹配结果

3.6　本 章 小 结

GM-APD 是一种新兴的光电探测器，通过实验测试了器件的光谱特性。微光成像系统是通过接收目标反射的夜天光能量，利用光电变换和信号处理技术来获取目标图像的。在微光环境下，为了使 GM-APD 更好地利用夜天光微弱的能量，本章分析了夜天光光谱的分布特点，研究了满月光、浓云满月光、晴朗星光和浓云无月光环境下夜天光辐射的光子分布特点。计算了单位面积、单位时间内夜天光最大辐射光子数为在满月光环境下 1.6μm 处的 6.96×10^{15}，最小辐射光子数为在浓云无月光条件下 0.4μm 位置的 2.53×10^{12}。根据 GM-APD 的像元面积、量子效率，得到了 Si GM-APD 和 InGaAs GM-APD 在单位时间内无倍增时产生光电子数的分布情况。Si GM-APD 能很好地利用月光下的辐射光子，满月光和浓云满月光情况，峰值波长为 0.5μm，产生的光电子数分别为 414235、103558，最小光电子数为 1μm 波长对应的 6258 和 1632。晴朗星光和浓云无月光环境下，产生光电子数的峰值波长为 0.6μm，最大光电子数为 4431、886，最小光电子数为 397、79。Si GM-APD 在满月光、浓云满月光、晴朗星光和浓云无月光环境下得到的总的光电子数分别为 1016338、254084、17303 和 3460。InGaAs GM-APD 对于四种天气条件在近红外波段都有较高的响应。满月光、浓云满月光、晴朗星光和浓云无月光环境下，产生光电子数的峰值波长分别为 1.5μm、1.5μm、1.6μm 和 1.6μm，对应的单位时间内的最大光电子数为 180902、45225、127427 和 25485，最小光电子数均位于 0.9μm 位置，分别为 4051、1012、405 和 81。InGaAs GM-APD 在满月光、浓云满月光、晴朗星光和浓云无月光环境下得到的总光电子数为 602325、150581、362302 和 72460。通过以上数据可以根据应用环境提供选择 GM-APD 材料、像元面积、量子效率等的理论依据。在满月光和晴朗星光两种夜天光环境下，计算了 Si GM-APD 和 InGaAs GM-APD 与暗绿色涂层、混凝土和绿色草木三种典型目标的光谱匹配效果。Si GM-APD 在满月光条件下与目标的匹配明显优于晴朗星光条件，而 InGaAs GM-APD 在晴朗星光下的匹配效果更好。

第 4 章　基于蒙特卡洛方法的光子计数图像恢复

4.1　引　　言

光子计数成像技术是利用弱光照射下光电探测器输出电信号自然离散的特点，记录下一定时间内探测器输出的光电子数，由光电子数再恢复出目标光子计数图像的技术。通过第 2 章的分析可知，GM-APD 是借助强电场作用使结型半导体产生载流子雪崩倍增效应的具有内部光电流增益的一种高灵敏度光电器件。倍增因子达到 10^5～10^7，可实现单光子探测灵敏度。将 GM-APD 作为探测器，探测元接收到入射光子后，碰撞电离效应引起光生载流子的雪崩倍增，实现对光信号的自动放大，读出电路迅速将雪崩信号读出并产生光子计数脉冲输出。由信号处理电路对光子计数脉冲信号进行处理，利用输出的光子计数值得到目标的图像。将由 GM-APD 组成的光电探测器称为光子计数器，它将被用来实现微弱光环境下的目标成像探测。

4.2　光子计数事件的概率

4.2.1　实验次数对光子计数输出的影响

将光子计数器放在微弱光场中的一个固定位置上，在相同的光照条件下，由于微弱的光信号更多地呈现出粒子特征，并伴随着随机的通量涨落，探测器每秒输出的光电子数目是不确定的。在这类不确定现象中，虽然每次实验的结果是不确定的，但是进行多次实验，就会发现它们具有一种规律性。计数器每秒输出的光电子数目太大或太小的情况都很少发生，出现频繁的是一些中间值，实验次数增多，就会发现每秒输出的光电子数围绕一个稳定值上下波动，实验次数越多则相对波动越小。如图 4.1 所示，在同一照度下，实验次数为 6 次时，输出结果跳跃较大，依次输出 3980、3960、3680、3840、4000 和 4220；增加实验次数到 100 次，光子计数值稳定在 3705 附近。

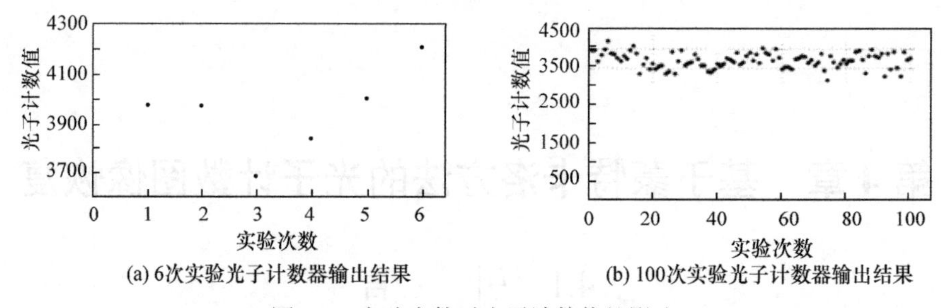

(a) 6次实验光子计数器输出结果　(b) 100次实验光子计数器输出结果

图 4.1　实验次数对光子计数值的影响

4.2.2　光子计数值的概率描述

如果保持相同的光照测试条件，光子计数输出值的测试可以在相同条件下重复进行；每次实验的可能结果不止一个，在实验之前，预先不能确定哪一个结果会出现。由此可见，测量的光子计数输出满足随机实验的特性，可以将光子计数输出值的测试按照随机实验来处理，每次实验得到的光子计数值或光子计数器输出的每个可能结果为一个随机事件，定义为 A。不同随机事件发生的机会或可能性是不同的，可以用概率反映这一性质。在 4.1 节中说明过，随机实验次数很大时，随机事件发生的相对频率将在一个稳定值附近涨落，并且实验的次数越多，相对涨落越小，可以把光子计数值 A 的概率 $P(A)$定义为实验次数 N 无限增长时 A 出现的相对频率 n/N 的极限：

$$P(A) = \lim_{N \to \infty} \frac{n}{N} \tag{4.1}$$

式中，n 为 N 次实验中事件 A 出现的次数，称为概率的相对频率。相对频率的定义虽然比较直观，但是它也有一些缺点。首先，它要求式(4.1)中的极限存在，这一点难以证明。其次，为了求出光子计数值概率的真正值，式(4.1)还要求进行无穷多次实验，这也是不可能的。因此，根据柯尔莫哥洛夫提出的概率论的公理体系，假定概率服从下述三条公理：

(1) 概率 $P(A)$一定是非负的；

(2) 如果 B 是必然事件，则 $P(B)=1$；

(3) 如果 A_1 和 A_2 是两个互不相容事件，则出现 A_1 或出现 A_2 的概率 $P(A_1$ 或 $A_2)=P(A_1)+P(A_2)$，互不相容事件是指 A_1 和 A_2 不可能同时发生。

处理光子计数事件时服从上述公理。计数过程中可能有多个结果，对这些结果赋以实数值 A_1，A_2，…，A_n。将随机实验的结果定义为随机变量 A，它可以取 A_1，A_2，…，A_n 中的任意一个值，各个取值有一定的概率。因此，可以把光子计数输出值看作一个随机变量，由它构成光子计数实验的统计模型。

根据随机变量 A 取值的分布情况，随机变量可以分为连续型随机变量和离散型随机变量两类。根据第 2 章的论述，GM-APD 每探测到一个入射光子都需要一定的死时间才能进行下一次测量，所以由 GM-APD 构成的单光子计数器只能以门控的工作方式对入射光子进行采样。门控的工作方式是在 GM-APD 两端加上一个略低于击穿电压的反向偏置电压。在光子到达的同时，叠加一个脉冲电压，使 GM-APD 两端的等效电压高于击穿电压，光子触发雪崩，对外输出光子计数值；再利用叠加脉冲电压的下降使 GM-APD 两端的等效电压低于击穿电压，抑制雪崩过程。由于采用了门控的工作方式，连续入射的光子信息被门控周期离散，只有位于门控周期内的光子才能按照一定的概率被探测到，故由单光子探测器输出的光子计数值是离散型的。对于离散型随机变量，不同的取值 A_n 对应不同的概率 $P(A_n)$。同时，研究微光环境下光子计数问题时，通常还要考虑光场中的光强。光强为连续型随机变量。

为了描述一个随机变量 Λ，可以用概率分布函数表示：

$$F_{\Lambda}(A) \equiv \mathrm{Prob}\{\Lambda \leqslant A\} \tag{4.2}$$

由式(4.2)可知，概率分布函数定义了随机变量 Λ 的取值小于给定值 A 的总概率，但不能表征随机变量 Λ 取每一个可能值的概率 $P(A_n)$。为此，作为连续型随机变量的光强引用概率密度函数 $p_{\Lambda}(A)$：

$$p_{\Lambda}(A) \equiv \frac{\mathrm{d}}{\mathrm{d}A} F_{\Lambda}(A) \tag{4.3}$$

光子计数值为离散型随机变量，引入狄拉克函数，其概率密度函数表示为

$$p_{\Lambda}(A) = \sum_{k=1}^{\infty} P(A_k)\delta(A - A_k) \tag{4.4}$$

4.3　光子计数分布

4.3.1　光强恒定情况下的光子计数分布

将光子计数器放在光强固定不变的光场中，在入射光作用下，一段时间内它所输出的光子计数值是随机的，图 4.1 已经说明该现象。

采用量子观点来看，光场是由光子组成的。光电转换器件 GM-APD 从光场中吸收能量，在一段足够小的时间间隔 Δt 内，GM-APD 的一个原子要么吸收一个光子，获得能量后，使一个电子跃迁到自由态，产生光电子；要么光子不被吸收，不产生光电子。因此，在无穷小的时间间隔 Δt 内器件产生的光子计数事件服从(0-1)分布，并且产生光电子的概率与器件所处的光强成正比，即

$$P(A=1) = \alpha I \Delta t\,, \qquad P(A=0) = 1 - \alpha I \Delta t \tag{4.5}$$

式中，I 为光强；α 为比例系数。

若光场是由多个光子组成的，在 T 时间内，把 T 分成许多小的时间间隔 Δt，$n=T/\Delta t$。根据概率论的公理体系，各个 Δt 内产生的光子计数是相互独立的随机事件。依据概率的知识，将概率为 $P=\alpha I\Delta t$ 的(0-1)分布独立进行 n 次，随机变量 Λ 在 T 时间内发生 k 次光子计数事件，服从以 n 和 $nP=n\alpha I\Delta t=\alpha IT$ 为参数的二项分布：

$$P_{\Lambda}(k)=\binom{n}{k}(\alpha IT)^{k}(1-(\alpha IT))^{n-k} \tag{4.6}$$

根据泊松定理，服从参数为 n 和 nP 的二项分布的随机变量，当 $n\to\infty$ 时，随机变量服从于参数为 αIT 的泊松分布。

$$\lim_{n\to\infty}P_{\Lambda}(k)=\frac{(\alpha IT)^{k}}{k!}\mathrm{e}^{-\alpha IT} \tag{4.7}$$

因此，在光强恒定的光场中，GM-APD 在一定时间 T 内发生 k 次光子计数服从参数为 αIT 的泊松分布。

根据量子理论也能证明，GM-APD 产生 k 次光子计数也服从参数为 $\bar{n}\eta$ 的泊松分布：

$$P_{\Lambda}(k)=\frac{(\bar{n}\eta)^{k}}{k!}\mathrm{e}^{-\bar{n}\eta} \tag{4.8}$$

式中，$\bar{n}$ 为光子计数的期望值；η 为 GM-APD 的量子效率。

比较式(4.7)和式(4.8)，利用半经典理论处理光场为连续的电磁场，它们同物质之间相互的作用能量以能量子 hf 为单位，其中 h 为普朗克常数，f 是光子的频率：

$$\alpha IT=\bar{n}=\frac{IST}{hf}\eta \tag{4.9}$$

式中，S 为 GM-APD 光敏面的面积；IST 为它在 T 时间内从光场中吸收的能量。因此，比例系数 α 表示为

$$\alpha=\frac{\eta S}{hf} \tag{4.10}$$

4.3.2 光强随时间变化时的光子计数分布

光强 $I(t)$ 是时间 t 的函数，假设在足够小的时间间隔 Δt 内，发生一次光子计数事件的概率与入射光的强度 $I(t)$ 和 t 成正比，即

$$P(1;t,t+\Delta t)=\alpha I(t)\Delta t \tag{4.11}$$

式中，α 为比例系数。

此外，在 Δt 时间内，除了发生一次光子计数事件就是不发生事件，不考虑同时发生多重事件的情形，即

$$P(0;t,t+\Delta t)=1-\alpha I(t)\Delta t \tag{4.12}$$

最后，发生在不重叠时间间隔内的光子计数事件数目是相互统计独立的。

由泊松过程的定义和以上假设证明 GM-APD 从 t 到 $t+T$ 时间内，发生 k 次光子计数的概率服从泊松分布：

$$P(k;t,t+T)=\frac{(\alpha W)^k}{k!}\exp(-\alpha W) \tag{4.13}$$

式中，$W=\int_t^{t+T} I(t)\mathrm{d}t$ 为光强 $I(t)$在时间间隔$[t,t+T]$内的积分强度。发生的光子计数平均值为

$$\overline{k}=\alpha W=\eta\frac{WS}{hf} \tag{4.14}$$

根据以上分析，无论光强是恒定的还是随时间变化的，光子计数器产生光子计数事件均属于泊松分布。光子计数器输出的光子计数平均值与探测点处的入射光强、探测时间、探测器光敏面的面积和量子效率成正比，与入射光的频率 f 和普朗克常数 h 成反比。对于给定的光子计数器，在一定时间内如果能得到探测点的光子计数的测量结果 $\overline{n}$ 或 $\overline{k}$，通过 $\overline{n}$ 或 $\overline{k}$ 可以推出反映入射光强 I 或者光强积分强度 W 的特性。

4.4　蒙特卡洛方法实现光子运动过程

蒙特卡洛方法又称随机抽样法或统计实验方法，属于计算数学的一个分支，但与一般数值计算方法有很大区别。它是以概率统计理论为基础来解决问题的一种计算机运算法则，通常用于模拟复杂的物理和数学体系，如多重积分计算、特征值计算、非线性方程组求解、粒子衰变过程、粒子在介质中的输运过程等。由于该方法基于不断重复的随机采样运算，它还能有效地利用计算机运算来解决一些不直接具有随机性的确定性问题。

4.4.1　蒙特卡洛方法的基本思想

当要求解的问题是某个事件出现的概率，或是某个随机变量的期望值时，首先建立一个概率模型或随机过程，使它的参数等于问题的解；通过对模型或者过程的观察或者抽样实验来计算所求参数的统计特征，得到这种事件出现的频率或这个随机变量的平均值，并用它们作为问题的解。概率论中的大数定律和中心极限定理是蒙特卡洛方法的基础，大数定律反映了大量随机数之和的性质，即随机数的均值收敛于函数期望值。中心极限定理是指，无论单个随机变量的分布如何，

多个独立随机变量之和服从正态分布。

对于蒙特卡洛方法具体求解步骤，最简单的情况是模拟一个概率为 p 的随机事件 A。考虑随机变量 Λ，若在一次实验中事件 A 出现，则 Λ 取值为 1；若事件 A 不出现，则 Λ 取值为 0。若令 $q=1-p$，那么随机变量的数学期望 $E(\Lambda)=p$，即一次实验中事件 A 出现的概率。随机变量 Λ 的方差 $D(\Lambda)=pq$。假设在 N 次实验中事件 A 出现 v 次，那么观测频数 v 也是一个随机变量，其数学期望 $E(v)=Np$，方差 $D(v)=Npq$。令 $\overline{p}=v/n$，表示观察频率，按照加强大数定理，当 N 取值充分大时，$\overline{p}=v/n\approx E(\Lambda)=p$ 成立的概率等于 1。因此，由上述模型得到的频率 $\overline{p}=v/n$ 近似地等于所求量 p。这就说明了频率收敛于概率，而且可用样本方差作为理论方差 $D(p)$的估计值：

$$D(\overline{p})=\frac{\overline{p}(1-\overline{p})}{N-1} \tag{4.15}$$

4.4.2 蒙特卡洛方法的应用形式

应用蒙特卡洛方法进行过程模拟的形式有三种，即直接蒙特卡洛模拟、间接蒙特卡洛模拟和 Metropolis 蒙特卡洛模拟。

直接蒙特卡洛模拟采用随机数序列来模拟复杂随机过程的效应。其思想是按照实际问题所遵循的概率统计规律，用计算机进行直接抽样实验，然后计算其统计参数。间接蒙特卡洛模拟是把问题抽象为某个确定的数学问题后，首先建立一个恰当的概率模型，即确定某个随机事件或随机变量，使得待求的解等于随机事件出现的概率或随机变量的数学期望值；然后多次重复地模拟随机事件或随机变量；最后对随机实验结果进行统计平均，求出事件出现的频数或随机变量的平均值，作为问题的近似解。Metropolis 蒙特卡洛模拟是通过 Metropolis 算法构造一个平稳分布的马尔可夫链，重复抽样，当采样次数趋于无穷时，马尔可夫链中的随机向量将收敛于一个有共同密度的马尔可夫序列，此时称该马尔可夫链收敛。而在收敛出现前一段时间内的采样中，各状态的密度分布还不是平稳分布。因此，在估计时把前面的采样值去掉，而用后面的采样值进行估计。鉴于光子计数器的工作特性和统计光学理论，采用直接蒙特卡洛模拟进行光子计数图像的仿真。

4.4.3 蒙特卡洛方法生成光子图像过程

光子计数图像是用在一定空间和时间的光子个数表示信息的图像。根据光子计数探测理论，由于光子计数器的响应时间远远大于光场随机涨落的时间，故两个光场在一点干涉的结果是由该点两个光场的相关时间平均决定的。如果光场是各态历经的，那么时间平均就可以用统计平均代替。因此，探测和记录目标的光场特性转化成将物面离散为在空间和时间上的一系列单元，记录每一个单元探测到的光子个数，利用这些能反映光场特性的所有单元的光子个数得到目标的光子计数图像。

因为光是由大量光子组成的，大量光子的运动符合统计规律，所以可以用蒙特卡洛方法实现光子的运动过程。假设像面原来是一片空白，光子通过系统向像面上一个接一个地落置光子，当光子数目不太多时，像面上光子落点的分布规律不明显；但当光子落点充分多时，像面上将逐渐显露出由光子累积值得到的光子计数图像 $g(x', y')$ 分布的模样。将一个光子落在像面上 (x', y') 点作为一个样本事件，称为 (x', y')。该样本事件是随机的，它的概率密度 $p(x', y')$ 由两个事件的概率所决定：首先，从物上(x, y)点发出一个光子，这一事件的概率为 $p(x, y)$，它等于归一化的物强度分布 $f(x, y)$，即

$$p(x,y) = f(x,y) \tag{4.16}$$

其次，在上述事件发生的前提下，光子落到像面上 (x', y') 点的条件概率为 $p(x', y' | x, y)$，在没有噪声时它为归一化的点扩散函数 $h(x, y | x', y')$，即

$$p(x',y' | x,y) = h(x,y;x',y') \tag{4.17}$$

因此，

$$\begin{aligned} p(x',y') &= \int p(x,y)p(x',y' | x,y)\mathrm{d}x\mathrm{d}y \\ &= \int f(x,y)h(x,y;x',y')\mathrm{d}x\mathrm{d}y \end{aligned} \tag{4.18}$$

而且 $p(x', y')$ 正是当光电子落置次数非常多时，像面上累积的光子计数图像。

$$g(x',y') = p(x',y') \tag{4.19}$$

$$g(x',y') = \int f(x,y)h(x,y;x',y')\mathrm{d}x\mathrm{d}y = f(x,y) \otimes h(x,y;x',y') \tag{4.20}$$

由式(4.20)可知，光子计数图像的成像过程与经典的成像过程是一致的，即像函数等于物函数与点扩散函数的卷积。

4.5 图 像 恢 复

成像系统成像过程如图 4.2 所示，图中物图像用函数 $f(x,y)$表示。$f(x,y)$经成像系统后成像为 $g(x',y')$。成像中加入的噪声为 $n(x',y')$。

成像系统的特性可用点扩散函数 $h(x,y;x',y')$ 来表征，其意义是，当没有噪声时，一个点脉冲的物 $\delta(x,y)$所成的像。因此，图 4.2 中成像系统成像的过程可表示为

$$g(x',y') = \iint f(x,y)h(x,y;x',y')\mathrm{d}x\mathrm{d}y + n(x',y') \tag{4.21}$$

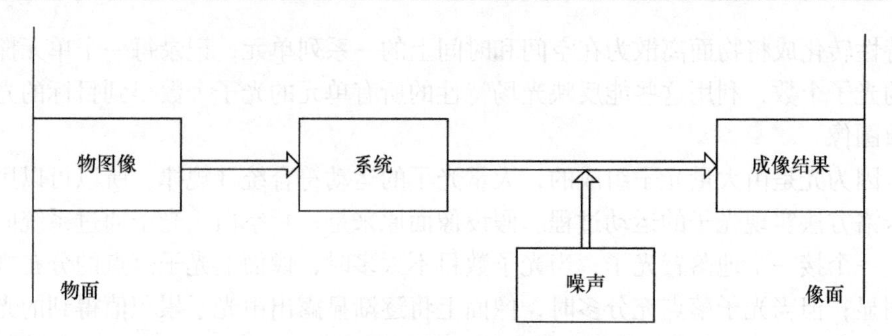

图 4.2　成像系统成像过程

假设

$$h(x,y;x',y') = h(x-x',y-y') \tag{4.22}$$

则成像系统为空间不变系统。因此，成像结果 $g(x',y')$ 为

$$g(x',y') = f(x,y) \otimes h(x,y) + n(x',y') \tag{4.23}$$

式(4.23)中各函数的自变量是连续型变量。由于光子计数器的工作方式，将连续变化的物函数采样为离散信号，即成像器件对连续空间以取样点间隔长度为单位进行采样。因此，式(4.23)中 x 和 y 分别取一系列整数 1，2，…，I 与 1，2，…，J；x' 和 y' 分别取一系列整数 1，2，…，M 与 1，2，…，N。这时，连续取值变为离散取值之和，式(4.23)改写为

$$g(m,n) = \sum_{i=1}^{I}\sum_{j=1}^{J} f(i,j)h(i,j;m,n) + n(m,n) \quad (m=1,2,\cdots,M;\, n=1,2,\cdots,N) \tag{4.24}$$

若将 $f(i,j)$ 写成 f_{ij}，并且把二维下标按照下面顺序排成一维下标：1，2，…，J，$J+1$，$J+2$，…，$2J$，$2J+1$，…，$3J$，…，IJ，再将 f_{ij} 写 $f_s(s=1,2,\cdots,S;S=IJ)$。同理，把 $g(m,n)$ 和 $n(m,n)$ 分别写作 g_t 和 $n_t(t=1,2,\cdots,T;T=MN)$。这时，点扩散函数用 h_{st} 表示。可以将 f_s、g_t 和 n_t 写为列矩阵：

$$\boldsymbol{f} = \begin{bmatrix} f_1 \\ f_2 \\ \vdots \\ f_S \end{bmatrix}, \qquad \boldsymbol{g} = \begin{bmatrix} g_1 \\ g_2 \\ \vdots \\ g_T \end{bmatrix}, \qquad \boldsymbol{n} = \begin{bmatrix} n_1 \\ n_2 \\ \vdots \\ n_T \end{bmatrix} \tag{4.25}$$

那么，h_{st} 相当于一个 $S \times T$ 阶矩阵，即

$$\boldsymbol{H} = \begin{bmatrix} h_{11} & h_{12} & \cdots & h_{1T} \\ h_{21} & h_{22} & \cdots & h_{2T} \\ \vdots & \vdots & & \vdots \\ h_{S1} & h_{S2} & \cdots & h_{ST} \end{bmatrix} \tag{4.26}$$

式(4.24)用矩阵运算表示为

$$\boldsymbol{g} = \boldsymbol{H}\boldsymbol{f} + \boldsymbol{n} \tag{4.27}$$

图像恢复就是对于已知的 $\boldsymbol{H}$ 和 $\boldsymbol{n}$，由 $\boldsymbol{g}$ 去推断 $\boldsymbol{f}$。这里，$\boldsymbol{g}$ 是在像面上测得的数据。估计和推断要根据一定的准则，根据实际需要，可以采用不同的准则来进行图像恢复。推断出来的 $\boldsymbol{f}$ 称为恢复的物图像。

4.5.1　最小二乘方滤波法

如果保持恢复的物像与原物差异最小，即 $\boldsymbol{f}$ 的估计值 $\hat{\boldsymbol{f}}$ 与真正的物差异最小，该差异可以用均方误差表示：

$$\varepsilon = \sum_{s=1}^{S} (\hat{f}_s - f_s)^2 \tag{4.28}$$

要求式(4.28)的值最小，该方法称为最小二乘方滤波法。最小二乘方滤波法是对于空间不变系统所设计的一种图像恢复方案。其滤波过程就是将所得到的像 $g(x',y')$ 先进行傅里叶变换，然后将其频谱乘上一个滤波函数 L，最后再进行傅里叶逆变换，其结果作为恢复物的解。

设 $f_0(x,y)$ 为真实物，$g_0(x,y)$ 表示无噪声的像，则

$$g_0 = f_0 \otimes h \tag{4.29}$$

有噪声时的像为

$$g = g_0 + n \tag{4.30}$$

对式(4.30)进行傅里叶变换后，在频域空间，

$$G = G_0 + N \tag{4.31}$$

用频域滤波函数 L 乘以 G，写为

$$G_L = LG = \left(G_0 + N\right)L \tag{4.32}$$

根据准则

$$\varepsilon = \int \left|g_0 - g_L\right|^2 \mathrm{d}x'\mathrm{d}y' \tag{4.33}$$

使 G_L 的傅里叶逆变换与理想像之间的均方差最小，求得

$$L = \frac{WH^*}{W\left|H\right|^2 + W_\mathrm{n}} \tag{4.34}$$

式中，W 和 W_n 分别为无噪声时物的平均功率谱及噪声的平均功率谱；H^* 为点扩散函数 $h(x,y;x',y')$ 傅里叶变换 H 的复共轭。经过最小二乘方滤波后恢复的图像就是给频域的光子计数图像 G 乘上一因子 L 后再对其求傅里叶逆变换的结果。由此

可见，最小二乘方滤波法实际是为估计图像找到一个函数，通过函数的解析式求得恢复图像，但是找到一个函数的解析式有时很困难。

4.5.2 蒙特卡洛方法的图像恢复

现在已知成像系统的点扩散函数$h(x,x')$和光子计数图像$g(x')$，蒙特卡洛方法是用发出一个个光子的办法来累积出一个物像$f(x)$。每次从物面上随机地选取一个离散点，让它发出一份光Δo。同时，建立一个规则来判定每一个离散点发出Δo是否合理。若合理，就给该点累积上一个数；若不合理，则不进行累积。把随机抽取离散点的过程大量地做下去。每次从物面上发出一份光Δo，就让这份光的能量按照点扩散函数的方式成像在像面上。以$g_1^{(k)}$，$g_2^{(k)}$，…，$g_T^{(k)}$表示经过k次合理添加后的累积像。从物面再发出一份光Δo，得到一个新的累积像

$$g_t^{(k+1)} = g_t^k + \Delta o h_{st} \quad (t=1,2,\cdots,T) \tag{4.35}$$

式中，h_{st}为从物面上随机抽取一个离散点s发出一个单位的光能量时，这些能量在像面处所成的像。求出$g_t^{(k+1)}$与已知的像数据g_t之比

$$r_t = \frac{g_t^{(k+1)}}{g_t} \quad (t=1,2,\cdots,T) \tag{4.36}$$

找出所有r_t中最大的值，设为R_s，下标s表示其是对物面每一个离散点而言的。图像恢复过程中根据系统特性设定一个最小的R_0，只要

$$R_s \leqslant R_0 \tag{4.37}$$

就认为这次发射是合理的，进行累积计数，最后可以得到恢复的图像。

由光子计数探测理论可知，当在一定时间T内，Δt足够小，$n \to \infty$时，探测器的光子计数值也趋于某些统计的极限。通过以上分析可知，统计方法模型中，蒙特卡洛方法是一种基于随机数的计算机模拟方法。利用蒙特卡洛方法进行光子计数图像仿真是将大量光子看作均匀分布的随机数。由计算机产生这一系列随机数，从物面上随机地选取一个单元发出一个个随机数，相当于实际光场中的一个个光子；再让计算机利用根据光子计数器特性建立的规则判断发出的随机数是否被探测器探测到，探测到就给该单元累积上一个计数值；若没探测到，则不进行累积。对每一个单元发出的随机数重复做下去并进行计数值累积。因为光能量是按照点扩散函数以连续分布的方式添加到像面上的，所以可以根据计数值得到该单元的累积图像。若逐单元重复上述过程，则得到目标的整幅累积像$g(x',y')$。

根据光子计数图像的生成过程和光子计数器的工作特点设置的仿真参数将会影响仿真效果。参数包括光功率、仿真次数、光子计数器光敏面的面积和光子计数器的量子效率。光子计数器适用于微弱光信号的探测，理想情况下可以探测到一个光子的光功率。由于光是一束以光速传播的光子流，其功率P取决于单位时

间内发射的光子数或光子速率 R，即

$$P = Rhf \tag{4.38}$$

式中，P 为光功率；R 为光子流的速率；h 为普朗克常数；f 为光信号的频率。光功率与光子速率对照图如图 4.3 所示。光信号的波长为 550nm，根据光功率 7pW 可以算出光子计数器接收入射光的速率为

$$R = \frac{P}{hf} = \frac{P\lambda}{hc} = \frac{7\times10^{-12}\times550\times10^{-9}}{6.63\times10^{-34}\times3\times10^{8}} = 1.93\times10^{7}\ (\text{光子/s}) \tag{4.39}$$

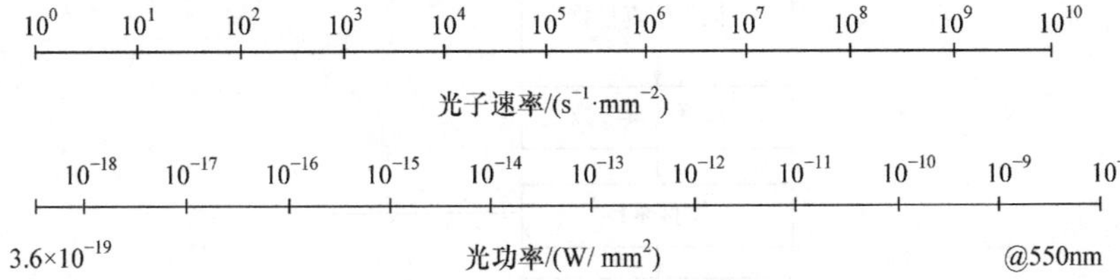

10^{0}　10^{1}　10^{2}　10^{3}　10^{4}　10^{5}　10^{6}　10^{7}　10^{8}　10^{9}　10^{10}

光子速率/($s^{-1}\cdot mm^{-2}$)

10^{-18}　10^{-17}　10^{-16}　10^{-15}　10^{-14}　10^{-13}　10^{-12}　10^{-11}　10^{-10}　10^{-9}　10^{-8}

3.6×10^{-19}　光功率/(W/ mm^2)　@550nm

图 4.3　光功率与光子速率对照图

GM-APD 光敏面的直径为 20μm，需要采用扫描的方式获得景物的光子计数图像，如图 4.4 所示。仿真过程中，成像景物如图 4.5 所示，景物被均匀离散为各个采样点，通过设置不同离散点发出不同的光子数构造出景物特征。仿真中保持其他参数不变，分别对成像景物中的各点采样，根据光子计数器的探测率判断采样点是否被探测到，若探测到，计数器进行加 1 操作；若探测不到，不进行累加处理。每个采样点根据设定的仿真次数重复进行，采样完毕后，统计逐点的计数值。经归一化、图像处理等环节得到光子计数图像。图 4.6(a)～(c)是仿真次数分别取 2、50 和 256 时得到的仿真结果。蒙特卡洛方法光子计数图像恢复仿真流程如图 4.7 所示。

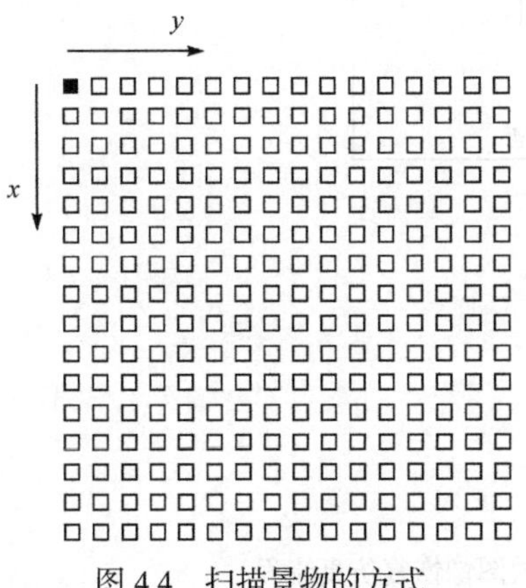

图 4.4　扫描景物的方式

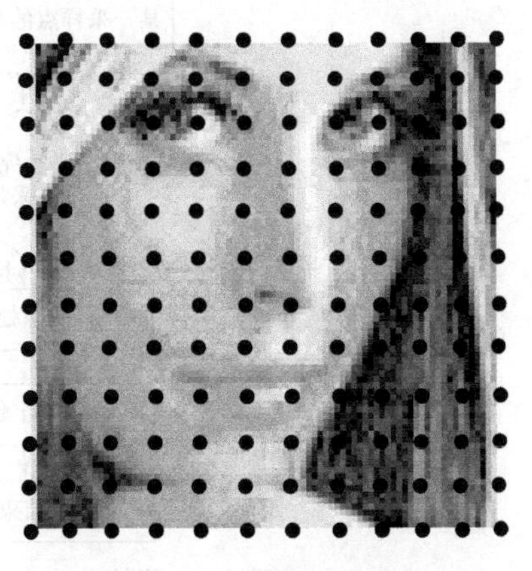

图 4.5　成像景物的采样

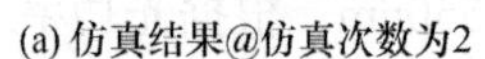

(a) 仿真结果@仿真次数为2　　(b) 仿真结果@仿真次数为50　　(c) 仿真结果@仿真次数为256

图 4.6　不同仿真次数得到的光子计数图像

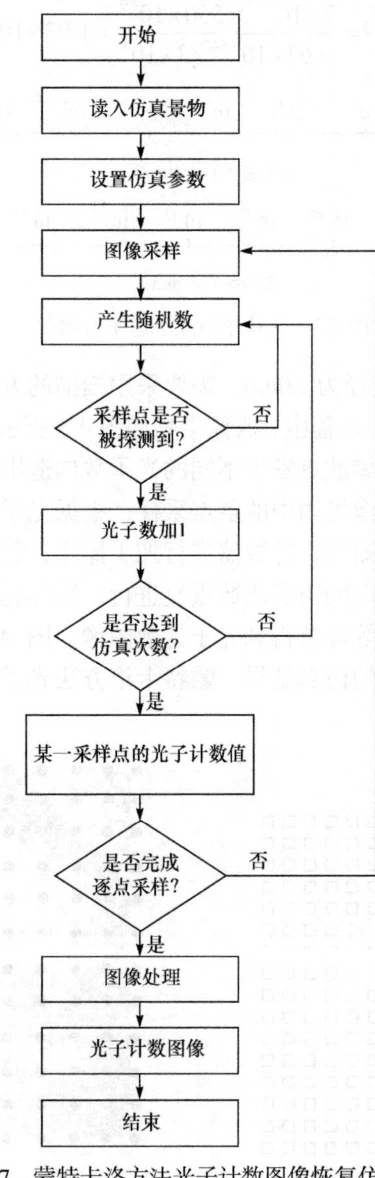

图 4.7　蒙特卡洛方法光子计数图像恢复仿真流程

分析图 4.8～图 4.11 可知，图 4.8 中景物图像的最小灰度为 48，最大灰度是 255，包含 202 个等级，图像像素之间的标准差为 44.0034。图像灰度变化大，层次丰富，图像清晰并且细腻。图 4.9 显示，经过 2 次采样仿真得到的光子计数图像仅仅包含 0、128、255 三个灰度等级，标准差为 84.1942，提供的图像信息量少，几乎分辨不出原始景物的特征，与景物图像的相关系数为 0.2970。图 4.10 显示，

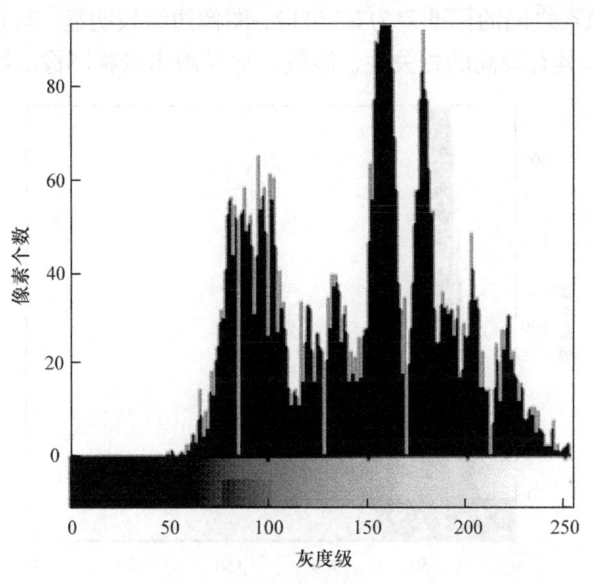

图 4.8　目标景物灰度直方图

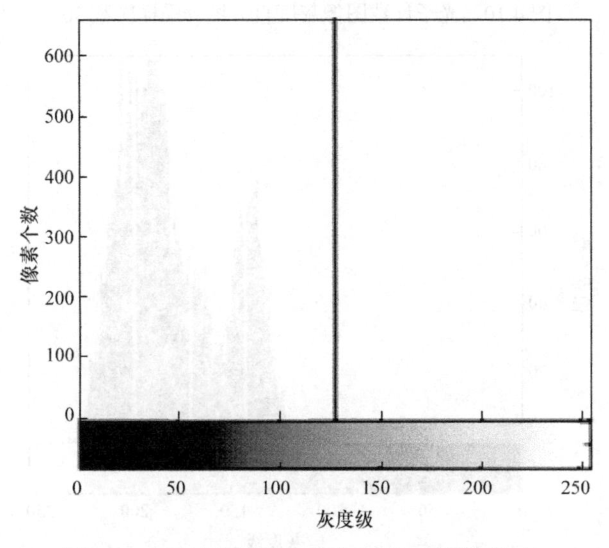

图 4.9　光子计数图像灰度直方图@采样次数为 2

采样次数为 50 时得到的光子计数图像的最小灰度是 15，最大灰度是 50，包含 35 个灰度等级，较 2 次采样的图像质量有了较大提高，能分辨出仿真景物的特征。但是，由于图像灰度等级较为集中，图像像素间的标准差为 5.8782，图像对比度较低，与景物图像的相关系数为 0.8384。增大仿真次数为 256 次，如图 4.11 所示，其最小灰度为 79，最大灰度为 236，包含 143 个灰度等级，图像信息量较大，图像比较清晰。像素之间的标准差为 27.5112，图像边缘较明显，与景物图像的相关系数为 0.9315，具有较高的相关性，能较好地反映出景物图像的特征。

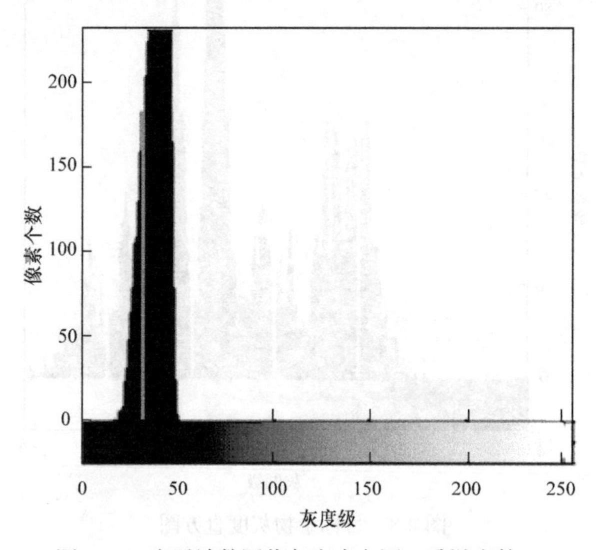

图 4.10　光子计数图像灰度直方图@采样次数 50

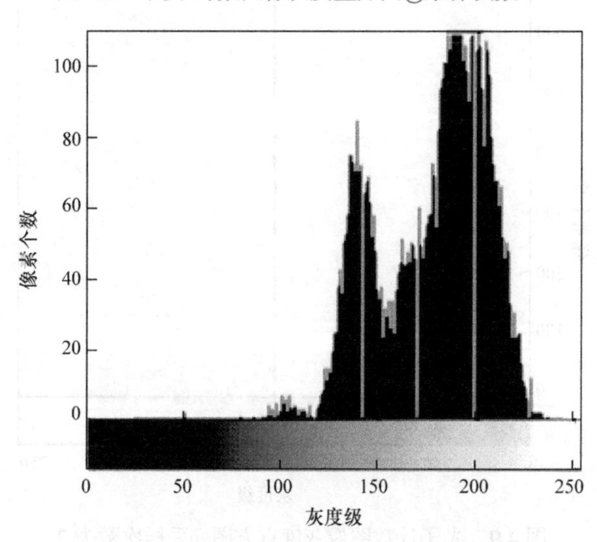

图 4.11　光子计数图像灰度直方图@采样次数 256

保持图 4.6(c)中的其他参数不变，提高器件的量子效率，得到图 4.12。

图 4.12　提高量子效率后的光子计数图像

提高量子效率后，器件对光子流的探测概率明显增强，得到的光子计数图像的最低灰度为 139，最高灰度为 255，图像包含 105 个等级(图 4.13)。图像信息较丰富，图像较清晰。但是灰度值较为密集，大多集中在 187 之后，像素之间的标准差为 19.0366，图像层次感较差，有些区域出现饱和现象。与景物图像的相关系数为 0.9057。

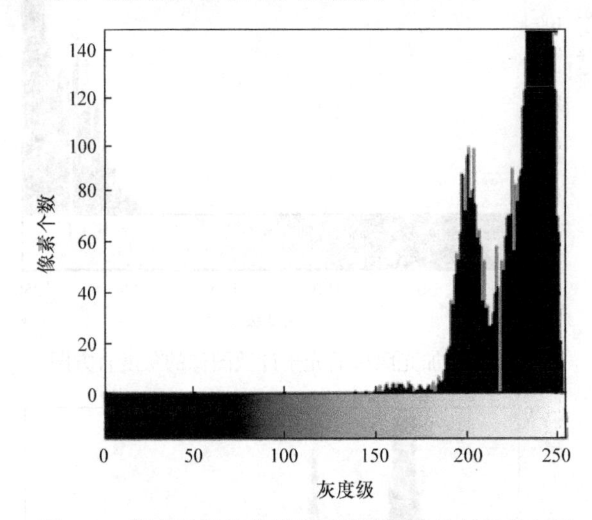

图 4.13　提高量子效率后光子计数图像的灰度直方图

图 4.14 和图 4.15 分别是在图 4.6(c)的基础上增加和降低光照后，仿真得到的光子计数图像。

图 4.14　增加光照后的光子计数图像

图 4.15　降低光照后的光子计数图像

分析灰度直方图图 4.16 和图 4.17 可知，仿真生成的光子计数图像受光照影响很大。光照增加后，图像的最低灰度值为 171，最高为 255，图像中包含 76 个等级。像素间的标准差是 13.8960，图像饱和现象明显，整体灰度偏高，与景物图像的相关系数为 0.8829。随着光照的降低，光子计数图像的最小灰度降为 35，最大灰度为 131，包含了 96 个灰度等级。像素间的标准差为 23.2133，图像边缘较为清晰。与景物图像的相关系数为 0.7405。光照过强或过弱，使得两幅光子计数图像的像素点灰度值大都集中在高灰度区或低灰度区，灰度分布很不均匀，导致图像对比度较低，灰度动态范围较小。

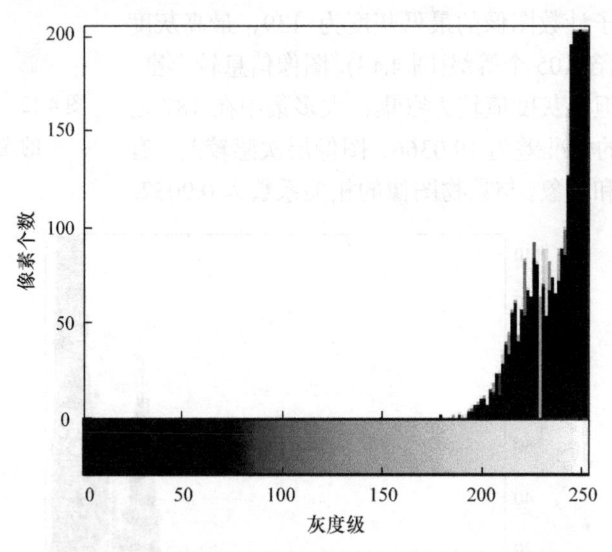

图 4.16　增加光照后的光子计数图像的灰度直方图

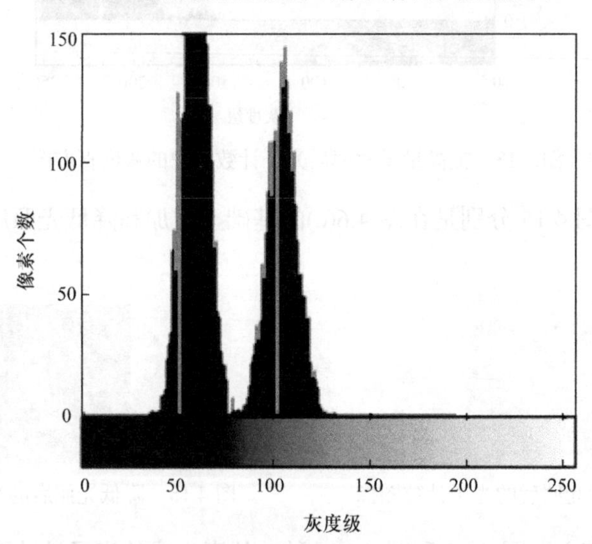

图 4.17　降低光照后的光子计数图像的灰度直方图

4.5.3　光子计数值与图像灰度的对应关系

光子计数值和图像灰度之间的关系可以表示为

$$I_{\text{gray}} = \xi P_{\text{count}} \tag{4.40}$$

ξ 反映了光子计数值和图像灰度之间的关系。若已知 ξ 和光子计数值 P_{count}，就能得到灰度图像 I_{gray}。其中，ξ 可以通过实验观测获取。

图 4.18　灰度等级测试图

灰度等级测试图如图 4.18 所示。不同灰度值的反射辐射特性存在差异，导致了入射光场的变化，从而由光子计数器将输入的光照分布变为相应区域的光子计数值输出，如图 4.19 所示。

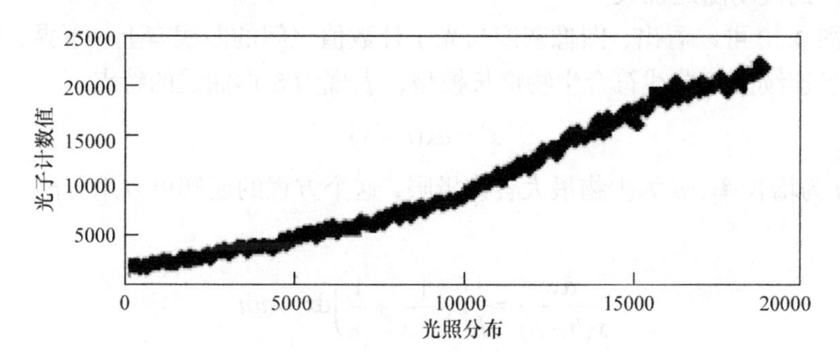

图 4.19　扫描灰度等级测试图得到的光子计数值

在极弱光条件下，由于光子的粒子性突显了出来，光场在时间和空间上起伏较大，光子密度分布实际是光子分布的期望值。光子分布的期望和图像相应区域的灰度成正比。因为灰度变化范围为 0～255，所以在该测试环境下得到的光子计数最大值对应灰度的最高值 255，最小值对应 0 灰度值。据此，图 4.19 的时域变化曲线转换为如图 4.20 所示的空域灰度与光子计数值之间的变化关系。

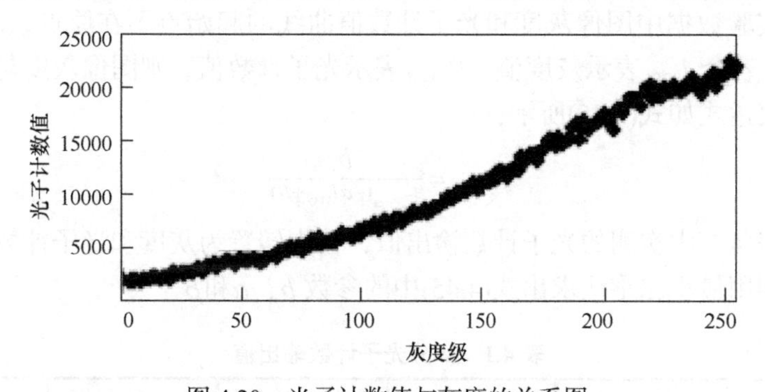

图 4.20　光子计数值与灰度的关系图

可以从图 4.20 中更加直观地分析出光子计数值随入射光强(图像灰度等级)的变化而变化的情况。景物的灰度变化和景物的光子辐射水平成正比。景物的灰度值越大，反射辐射的光子数越多，相应像素点的光子计数值就越大。灰度值从 0 变化到 255，相应的光子计数值从 1706 变化到 22003。

用光子计数器扫描灰度等级测试图得到光子计数输出曲线，在曲线的初端，因为景物灰度值最低，反射辐射的光子数最少，光子计数值最小。随着目标灰度值的增高，反射辐射的光子数增加，光子计数值也迅速增加，两者之间基本呈线性变化。在曲线的尾部，目标的灰度逐渐增加到最大值，反射辐射量达到最大值，光子计数输出也为最大值。在测试过程中，可以同时观察到系统的噪声是不可避免的。曲线左端的噪声明显低于右端，反射辐射较大时引起的噪声也较大，光子计数输出的波动随之加大。

由图 4.20 可以看出，图像灰度与光子计数值之间的曲线有上、下界，单调递增，并且连续。该曲线符合生物增长模型，表现为 S 形曲线的特点：

$$x' = ax(b - x) \tag{4.41}$$

式中，a 为增长率，b 为生物最大容许极限，这个方程的通解可以用分离变量法求解，即

$$\frac{\mathrm{d}x}{x(b-x)} = \frac{1}{b}\left(\frac{1}{b-x} + \frac{1}{x}\right)\mathrm{d}x = a\mathrm{d}t \tag{4.42}$$

两边积分，得

$$\ln\frac{x}{b-x} = abt + \ln C \tag{4.43}$$

解出 x 为

$$x = \frac{bC\mathrm{e}^{abt}}{1 + C\mathrm{e}^{abt}} = \frac{b}{1 + \mathrm{e}^{-abt}/C} \tag{4.44}$$

由于实验数据中图像灰度和光子计数值曲线的起始点不在原点，对式(4.44)进行修正，若令 I_{gray} 表示灰度值，P_{count} 表示光子计数值，则图像灰度与光子计数值的函数表达式如式(4.45)所示：

$$P_{\text{count}} = \frac{b}{1 + \mathrm{e}^{(-\alpha I_{\text{gray}} + \beta)}} \tag{4.45}$$

根据表 4.1 中实测的光子计数输出值，首先转置为灰度和光子计数值之间的关系，再利用最小二乘法求出式(4.45)中的参数 b、α和β。

表 4.1　部分光子计数输出值

时间/ms	光子计数输出值	时间/ms	光子计数输出值	时间/ms	光子计数输出值
363.5814	1706.908	593.0670	1999.590	894.3924	2173.068
462.4423	1961.305	681.3922	2048.320	1001.4110	2310.531
552.2914	1722.608	767.4020	2046.438	1106.4260	2271.135

续表

时间/ms	光子计数输出值	时间/ms	光子计数输出值	时间/ms	光子计数输出值
1147.6890	2030.568	1845.075	2773.544	2483.666	2721.204
1225.869	2338.076	1871.452	2368.529	2586.467	3130.128
1320.585	2137.415	1967.051	2687.324	2689.714	3408.323
1431.415	2101.632	2069.605	2584.674	2789.478	3257.745
1555.963	2699.805	2180.451	2718.297	2894.806	3647.115
1637.988	2622.295	2278.575	2879.983	2999.534	3034.012
1738.563	2498.748	2383.457	3176.292	3072.520	3367.743

最小二乘法是一种数学优化技术，它通过最小化误差的平方和找到一组数据的最佳函数匹配。MATLAB 中 fminsearch 极小化函数体现了最小二乘法问题的基本思想，并且可以求解不连续函数的极值，找到使目标函数达到最大或者最小的自变量值，因此可以利用 fminsearch 函数解决未知参量的最优化问题。将实验测量的图像灰度与光子计数值之间的关系和式(4.45)构成一个最小化目标函数，使得测量值和预测值之差最小，即满足误差平方和最小：

$$\delta=\sum_{i=1}^{300}(s(x_i)-y_i)^2 \quad (i=1,2,\cdots,300) \tag{4.46}$$

式中，i 为实验次数；x_i 为第 i 次测量的灰度值；y_i 为第 i 次测量的光子计数值；$s(x_i)$为式(4.45)的拟合值。

计算过程中，设置参数 b、α和β为待定参数向量矩阵，通过 fminsearch 搜索最优值，返回待定参数的最优解。求取参数流程图如图 4.21 所示。

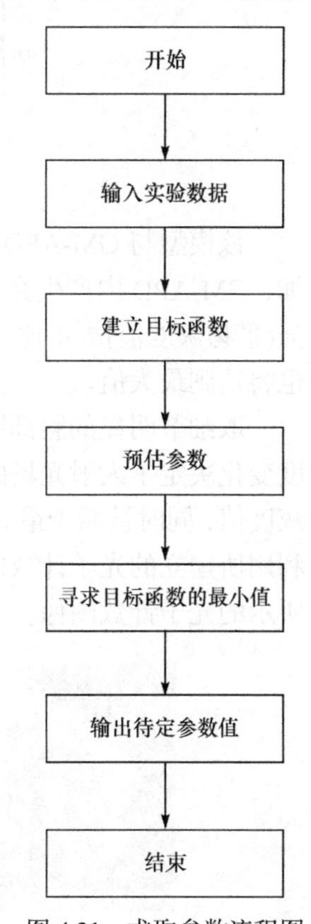

图 4.21　求取参数流程图

通过图 4.21 计算式(4.45)中的参数，求得 b=28837.88，α=0.0149，β=2.6623。其中，b 表示实验中光子计数值最大的容纳量，α 表示光子计数值增长指数，β决定曲线的起始位置。得到的拟合曲线如图 4.22 所示。当输入值为 0～255 时，该曲线可以反映光子计数值与灰度变化的实验结果，与实验数据吻合较好。

最终，确立反映图像灰度与输出光子计数值之间的关系，为

$$I_{\text{gray}}=178.6779-\frac{\ln(28837.88/P_{\text{count}}-1)}{0.0149} \tag{4.47}$$

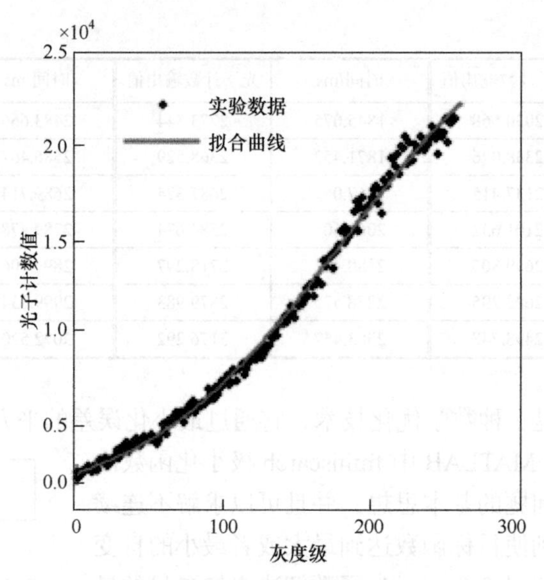

图 4.22　光子计数值与灰度的拟合曲线

该模型与 GM-APD 的性能也吻合。随着景物灰度值的增加，入射光量随之增加，GM-APD 内产生光电子的数目也越来越多。器件输出的光子计数值与入射光强(景物灰度值)成正比。如果灰度达到该景物的最大值，器件输出的光子计数值也将达到最大值。

取细节明显的脸部图像(图 4.23)作为目标景物进行仿真实验。原始图像的灰度变化决定了入射光场的不同的强度。对其进行归一化处理后，“1”对应最大的灰度值，同时被赋予最高的光子计数值，由此推算出整幅图像对应的光子计数值。利用所建立的光子计数值与图像灰度的对应关系式(4.47)进行仿真，得到如图 4.24 所示的光子计数图像。

图 4.23　原始图像

图 4.24　光子计数图像

从仿真结果可以看出，根据光子计数器输出的光子计数值，利用光子计数值与图像灰度的对应关系可以较好地再现入射光场的特性。即使光场的强度发生较大变化，通过调整式(4.47)与探测得到的光子计数最大值之间的比例系数，依然能得到质量较好的光子计数图像。

4.6 本章小结

由 GM-APD 组成的单光子计数器工作于门控方式,这决定了它输出的光子计数值为离散的。根据统计光学理论，光子计数事件为随机事件，它构成的统计变量为离散型随机变量。本章研究了该随机变量在恒定光强和光强是时间的函数的情况下概率分布的特点。根据泊松定理，无论光强是恒定的还是随时间变化的，光子计数器产生光子计数的事件均属于泊松分布；并且推出光子计数器输出的光子计数平均值与探测点处的入射光强、探测时间、探测器光敏面的面积和量子效率之间的关系。借助探测方法，如果已知光子计数值，根据关系式可以得到入射光场特性。

根据光子计数事件的分布特点和光子计数器的工作方式，采用蒙特卡洛方法模拟实现了光子计数图像的成像过程，得到了光子计数图像。同时研究了仿真时间、光照强度和 GM-APD 量子效率对仿真结果的影响。由实验测试数据得到光子计数值与图像灰度之间的关系曲线，分析曲线特点，确定用 S 形曲线拟合实验数据，建立了反映光子计数值与图像灰度的对应关系，并将其应用到图像仿真中，得到了质量良好的光子计数图像。

第 5 章　GM-APD 在光子计数成像中的应用

5.1 引　言

微光成像系统在天文观测、卫星遥感、分子生物学、超高分辨率光谱学等领域的广泛应用，使人们对弱光成像探测灵敏度的要求越来越高。当被探测的光信号极微弱时，光的粒子性就会显现出来，光子脉冲越来越分离。当光功率减小到一定程度时，光子呈现出不连续的随机分布。继续减弱光信号，直至产生单个光子，对于不同波长，单光子的能量仅为 $1.9865\times10^{-19}/\lambda$ J，其中波长的单位为 μm。这时探测器接收的是在时间和空间上都随机离散分布的光子。在这种情况下，如果仍然采用传统模拟探测模式，测量的光强是多个光子叠加的能量，系统将在探测灵敏度和成像速度等方面不能满足要求。光子计数方法利用弱光照射下光子探测器输出电信号自然离散的特点，采用脉冲甄别技术和数字计数技术把极其微弱的信号识别并提取出来。利用 GM-APD 的高灵敏度特性和光子计数方法实现光子计数成像，是研究的一种提高微光成像系统探测灵敏度和全固态数字化成像的新方法。

5.2　GM-APD 光子计数成像实验平台搭建

5.2.1　GM-APD 光子计数成像实验平台硬件组成

为了研究 GM-APD 在光子计数成像中的应用，实现目标扫描过程的自动控制、测试环境的光照控制、光子计数图像数据的自动存储和显示等功能，设计并建立了 GM-APD 光子计数成像实验平台。该平台主要由 GM-APD 光子计数器、FPGA 控制器、二维电控平移台、接口电路、LED 光源控制、微光照度计、计算机和连接电缆等组成。

实验平台中采用 GM-APD 构成的光子计数器为爱尔兰 SensL 公司生产的 PCDMini 光子计数器，像元直径为 20μm，死时间为 100ns，最大计数率为 10MHz，结构如图 5.1 所示。光子计数器主要由 GM-APD 探测模块、抑制电路模块、制冷控制模块、电源模块和 USB 接口模块组成。GM-APD 探测模块可以实现入射光信号的检测、放大、鉴别功能。将入射光子产生的电脉冲信号转化为 TTL 电平，经 SMA 接口输出，也可通过 USB 接口输出。抑制电路模块精确控制探测模块中 GM-APD 上的偏置电压。入射光子被探测到产生雪崩倍增电流，抑制电路快速将 GM-APD 上的偏置电压降到击穿电压以下，经过一段抑制时间后再将偏置电压置于击穿电压以上，为下一个光子的探测做好准备。为了保证光子计数器的暗计数最小，同时提高器件的稳定性，由制冷控制模块将 GM-APD 的工作温度降到 –20℃。制冷控制模块直接连在抑制电路模块的上方，它控制着两级热电帕尔贴制冷片。应用脉宽调制器和来自 GM-APD 旁边热敏电阻的反馈使 GM-APD 的工作温度在 0.1℃范围内波动，达到降低光子计数器噪声，实现对单光子量级的极微弱光检测的目的。光子计数器上的 USB 接口可以将输出的光子计数值实时地传给计算机，而不需要其他辅助的数据采集硬件和软件。集成的电源模块可以提供三路不同的输出电压值：为抑制电路模块、制冷控制模块和 USB 接口模块提供 5V 电源；为 GM-APD 提供偏置电压；为抑制电路模块中的主动抑制电路提供工作电压。

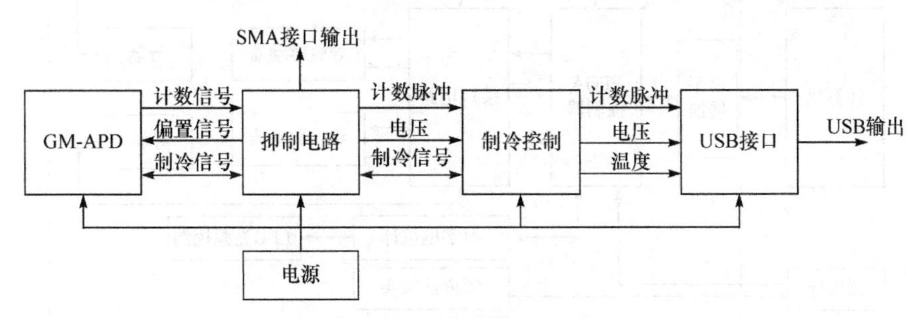

图 5.1　光子计数器结构图

具有浅结工艺的 GM-APD 光子计数器为全固态结构，增益大于 10^5，工作电压小于 35V，功耗低。计数器外部接有抑制电阻，即使直接暴露在强光下，也不会损坏探测器。由于浅结结构载流子漂移距离近，抗外界环境干扰能力强，尤其可在强磁场环境下正常工作。其技术参数如表 5.1 所示。

表 5.1　GM-APD 光子计数器的技术参数

参数	击穿电压/V	偏置电压/V	暗计数/cps	光子探测效率/%	动态范围/cps	抖动半宽高/ps	后脉冲/%
最小值	—	30.6	—	—	5	—	—
典型值	27.6	32.6	4	18.34	—	184	—
最大值	—	34.6	—	—	1.04×10^7	—	0.05
测试条件	–20℃	HV 测量点	V_{BR}+5V	V_{BR}+5V @540nm	V_{BR}+5V	V_{BR}+5V 100Kcps	V_{BR}+5V

控制器选用 Altera 公司的 FPGAEP2C20F256C8N 芯片作为核心控制器，与外围其他芯片配合实现平台的控制和通信功能。为了使布线合理、规范，操作方便，将与控制器相联系的接口统一放在一块接口板上。二维电控平移台的行程为 100×100mm，与步进电机驱动器配合使用，精度可以达到 20μm。LED 光源采用 BT551057LED 制作成大面积阵列，将阵列置于中间有一定距离的两层毛玻璃的下方，对 LED 发出的光进行整理，使其成为亮度分布均匀的漫反射光。照度计为中国测试技术研究院生产的 SPD-Ⅲ型微弱光照度计，将照度计的数字输出端口与控制器相连，监测暗箱内照度与设定照度相同。

GM-APD 光子计数成像实验平台的原理框图如图 5.2 所示。GM-APD 光子计数器、FPGA 控制器、接口电路、LED 光源控制和照度计的探头等都放在暗箱中，计算机作为上位机通过串口实现与控制器的数据通信，而不影响暗箱内的照度。

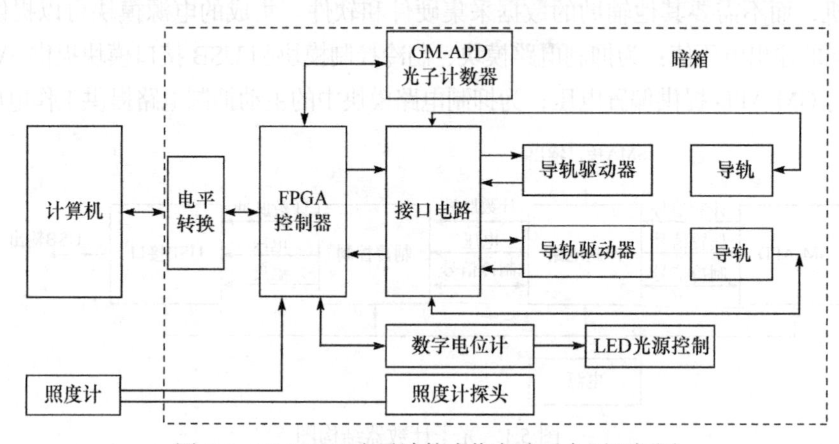

图 5.2　GM-APD 光子计数成像实验平台原理框图

GM-APD 光子计数成像实验平台探测与控制部分如图 5.3 所示，FPGA 作为控制器向导轨驱动器传送脉冲和方向信号，控制上层导轨的前后和下层导轨的左右运动。首先导轨运动到设定目标的中心点后，向 FPGA 传送相应的位置信号；其次，FPGA 接收信号处理后调整其运动方向，使 GM-APD 的第一个采样点为目标左上角位置；最后，FPGA 控制导轨运动，对目标进行逐行逐列采样。实验过程中，微光照度计探头接收到光照后将照度值送给 FPGA，FPGA 将其与预定照度值进行比较，若数值有偏差，则发出控制信号，调节数字式电位计 MCP4023，通过改变电位计的阻值改变通过 LED 的电流，以达到需要的照度。FPGA 还控制光子计数器的工作，当 FPGA 输出高电平控制信号时，光子计数器开始工作，将入射光量进行光电转换、倍增、鉴别，最后输出脉冲信号。采用 FPGA 的锁相环实现数字化倍频，对输出的脉冲信号进行计数，并将计数数据通过串口发送给计算机存储、处理和显示。

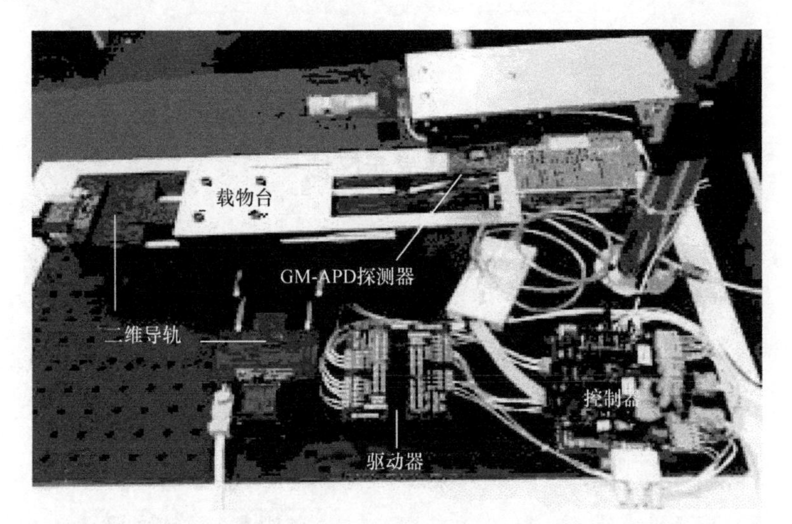

图 5.3　GM-APD 光子计数成像实验平台探测与控制部分装置图

5.2.2　GM-APD 光子计数成像实验平台的软件实现

GM-APD 光子计数成像实验平台的软件设计主要包括两部分：上位机的软件设计和下位机 FPGA 控制器的软件设计。

上位机主要实现照度、采样步长、采样范围和采样时间的设置；完成光子计数值的数据采集、传输、存储、处理和光子计数图像显示。上位机与 FPGA 控制器之间通过 RS232 实现通信与数据交换。RS232 是一种串行通信标准，但是其逻辑电平与 FPGA 的 TTL 电平不兼容，所以上位机与下位机 FPGA 之间采用了 MAX3232 进行电平转换。上位机的软件采用 C 语言在 Windows 环境下开发完成，生成的人机交互界面如图 5.4 所示。

上位机软件主要由三大模块组成，即参数设置模块、功能控制模块和显示模块。其中，参数设置模块主要实现目标尺寸范围、采样时间、扫描间隔和照度参数的输入。目标半宽和半高最大可以设置为 50mm，采样间隔范围为 20μm～5mm，每一采样点采样时间范围为 50ns～10s。功能控制模块完成上位机与 FPGA 控制器之间的通信和系统子功能的修改、扩展。上位机对 FPGA 控制器下发参数或命令，这些数据通过 RS232 接口传送到 FPGA，FPGA 根据上位机下发的参数或命令进行判决、处理，然后将处理结果经过 RS232 接口上传给上位机，由上位机对 FPGA 处理过的数据进行存储、处理和显示等操作。显示模块将平台获得的光子计数值经过图像处理算法，显示为光子计数图像。

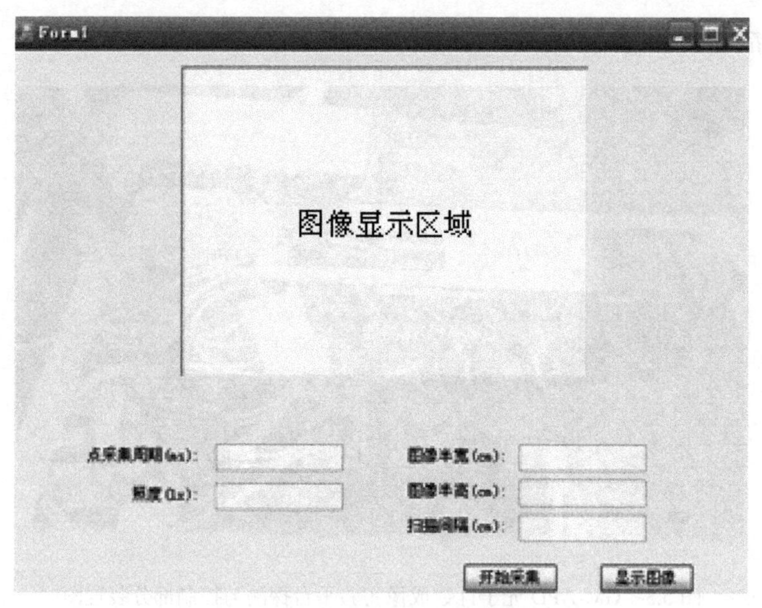

图 5.4　实验平台的人机交互界面

下位机 FPGA 控制器的软件设计是在 Altera 公司 QUARTUS 软件环境下，使用 VHDL 语言为主、原理图为辅的混合设计方法实现的。这样可以发挥语言描述在状态机、控制逻辑、总线功能方面的优势，原理图输入在顶层设计、数据通路逻辑、手工最优化电路等方面具有图形化强、功能明确的特点。整体设计分为设计输入、设计综合、功能仿真、设计实现、时序仿真、配置器件六个步骤。设计流程如图 5.5 所示。主要完成输入参数的读取、参数的计算和控制二维导轨运动等功能。主程序流程图如图 5.6 所示。

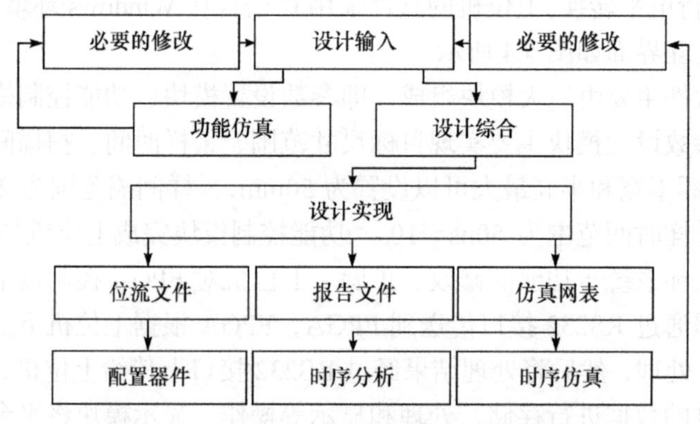

图 5.5　下位机 FPGA 控制器的设计流程图

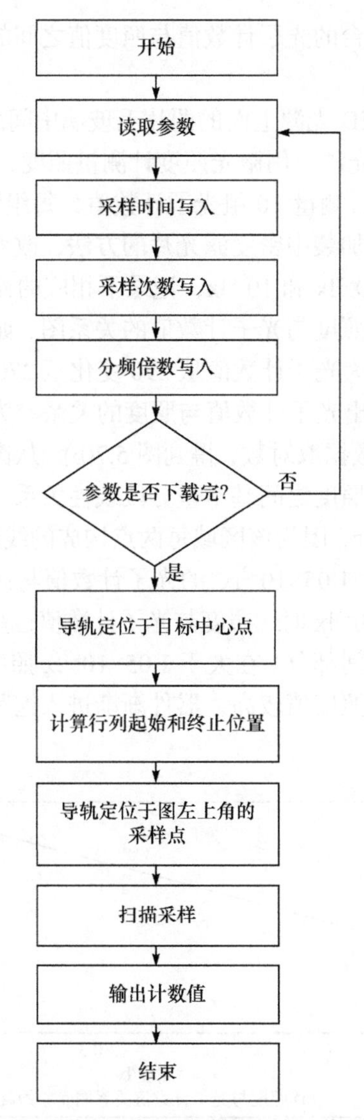

图 5.6　下位机 FPGA 控制器的主程序流程图

5.3　实验研究

5.3.1　光子计数值与照度关系的标定

GM-APD 光子计数成像实验平台主要是在微弱光环境下，通过实验平台探测目标的光子计数值，再对这些值进行处理得到目标图像。整个探测过程中的输入和输出量对应照度与光子计数值，两者之间的关系反映了成像平台的光路和电路特征，所以应该对实验平台的光子计数值与照度值之间的对应关系进行标定，确定两者间的定量关系。

标定时，在平台中 LED 光源上面的两片毛玻璃中间放入白纸，形成亮度均匀的漫反射光。调整 LED 光源，用微光照度计测量照度，照度为 10^{-1}lx 数量级。GM-APD 对准 LED 光源，测量 10 组光子计数值，每组测量时间设定为 30s，求出每组数据的均值。通过加装中密度滤光片的方法，改变照度条件，使之分别为 10^{-2}lx、10^{-3}lx、10^{-4}lx、10^{-5}lx 和 10^{-6}lx，记录下相应的光子计数值。

根据记录的数据画出照度与光子计数值的关系图，如图 5.7 所示。光照越强，其光子计数值也越大。因为光子计数值从 290 变化至 270102，数值范围很大，所以图 5.7(a)不能完整显示出光子计数值与照度的关系。为了看出全部数据的变化趋势对图 5.7(a)中的所有数据取对数，得到图 5.7(b)。从图中可以看出在不同的光照范围内，光子计数值与照度之间基本呈分段线性关系。测试数据可以分为三部分，在图 5.7(b)的中间部分，因为该区域每两点构成的线段斜率近似为 1，所以对应的原始数据 $5.25\times10^{-5}\sim1.05\times10^{-2}$lx 的光子计数值与照度之间具有良好的线性关系。当照度小于 5.25×10^{-5}lx 时，照度与光子计数值也呈线性关系，但是该范围内的直线斜率明显小于中间部分。在大于 1.05×10^{-2}lx 照度范围内，照度与光子计数值也呈线性关系，但是照度值较高，器件渐渐进入饱和工作状态，导致倍增电流的上升趋势有所下降。

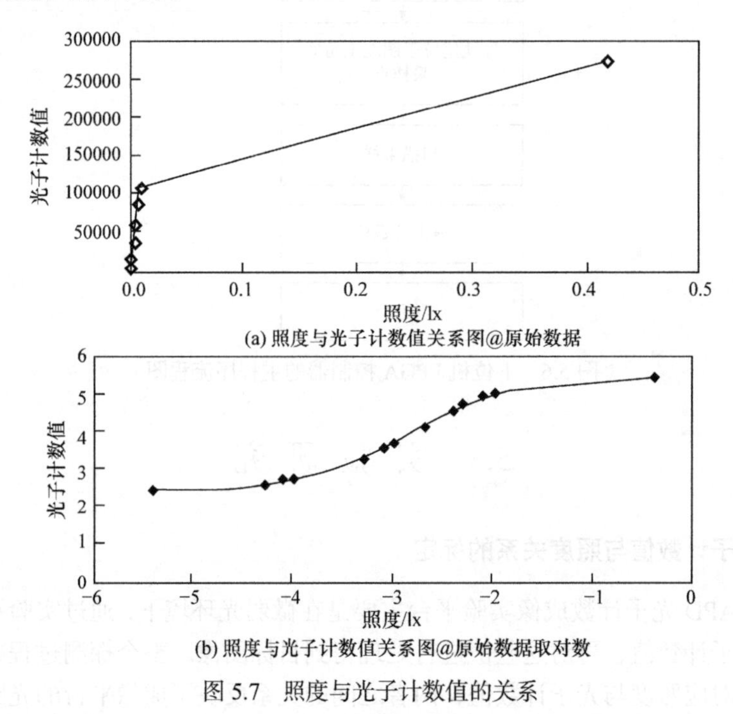

(a) 照度与光子计数值关系图@原始数据

(b) 照度与光子计数值关系图@原始数据取对数

图 5.7　照度与光子计数值的关系

5.3.2　GM-APD 光子计数成像实验平台的成像流程

GM-APD 光子计数成像实验平台获得目标光子计数图像的框图如图 5.8 所示，微弱光照射到目标上，目标表面反射这些光，平台借助二维导轨的移动通过掩模板小孔对目标采样，使空间分布的反射光子到达 GM-APD 光子计数器的光敏面上。GM-APD 根据接收到反射能量的不同而产生不同的脉冲个数，由此将空间目标的采样点转换成一系列数字脉冲信号。由 FPGA 对脉冲个数进行计数，并将计数结果上传到计算机，计算机将光子计数值进行存储和运算，对一维的光子计数值计算出适合的二维矩阵，最后通过监视器恢复出光子计数图像。

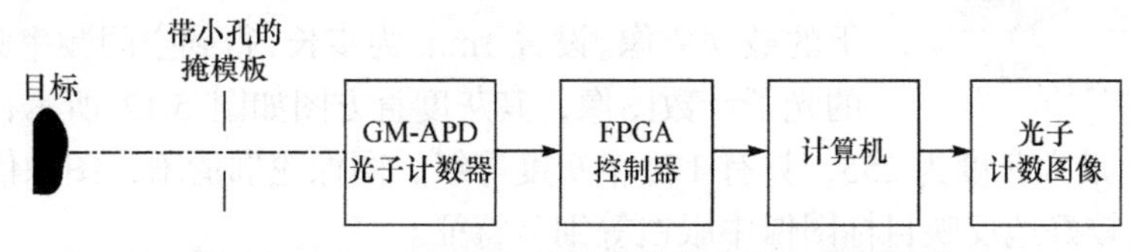

图 5.8　GM-APD 光子计数成像实验平台成像框图

GM-APD 光子计数成像实验平台的操作步骤：

(1) 将 GM-APD 光子计数成像实验平台的探测和控制部分置于暗箱内，光子计数器安装在光学支撑架上，掩模板装在 GM-APD 光子计数器的前端。根据参数设置，调整暗箱内的照度，经微弱光照度计测量得到要求的照度环境。

(2) 放置探测目标。被测目标安装在二维精密电控导轨的载物台上。

(3) 参数输入。通过编制的人机交互界面由计算机输入对目标扫描的参数，即目标的半宽和半高值、采样间隔和每一个采样点的采样时间。

(4) 发出采集命令。由 FPGA 和接口电路组成的控制器根据上位机传来的控制参数控制二维导轨的运动。先将光子计数器的采样孔对准目标的中心点，根据目标的半宽半高参数移动导轨至目标的左上角并将其作为第一采样点。实验中，GM-APD 光子计数器固定不动，垂直安装在载物台之上。目标随着二维导轨的移动而移动，目标中的每一个采样点都被 GM-APD 探测到。GM-APD 根据探测点能量的强弱不同产生不同的计数脉冲，FPGA 记录下每个采样点对应的光子计数脉冲个数，即光子计数值。

(5) 扫描结束。控制器发出结束命令，并控制导轨回到目标中心点位置。

(6) 数据保存。控制器将得到的数据传给计算机并按照设定的存放路径进行保存。所有的光子计数数据可以根据需要随时进行存储、复制和计算。

(7) 图像显示。利用开发的软件界面和相关的图像处理程序，单击图像显示按钮，可以将目标的光子计数图像实时显示出来。

5.3.3　GM-APD 光子计数成像实验平台的成像实验

1. 目标图像成像实验

图 5.9　目标图像

调整暗箱照度为 2.3×10^{-5}lx，目标图像如图 5.9 所示，图像尺寸为 30mm×30mm，采样间隔为 1mm，每点采样时间为 6.5s。按照实验平台的操作步骤对目标图像探测，得到如图 5.10 所示的成像结果。

图 5.10 和图 5.11 可以证明建立的 GM-APD 光子计数成像实验平台可以很好地实现目标在 2.3×10^{-5}lx 微光照度下的被动成像。设置 1mm 为步长，得到空间频率为 30×30 的光子计数图像，其灰度直方图如图 5.12 所示，最小灰度为 36，最大灰度为 255，具有 172 个灰度等级，图像轮廓清晰，图像信息量丰富，可以较好地反映目标图像中眼白等细节特征。

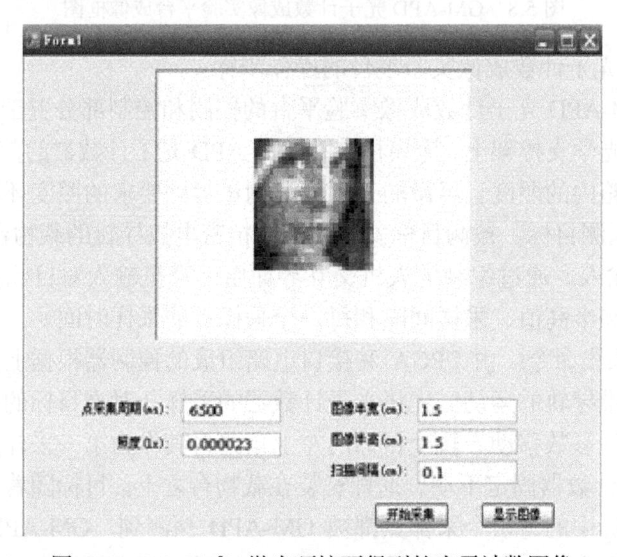

图 5.10　2.3×10^{-5}lx 微光环境下得到的光子计数图像

2. 分辨率成像实验

分辨清楚描述的图像细节的能力称为分辨力。单位宽度内的分辨力称为分辨率。其线性表示通常是指分辨清楚黑白相间线条的能力。黑白相间的线条简称线对，一对黑白相间的线条称为一个线对，在单位宽度范围内能够分辨清楚的线对数越多，表示图像越清晰。该参数可以通过分辨率测试卡来测量。在实验中，首先选择了如图 5.13 所示的黑白条纹测试卡进行成像实验。图中黑色条纹宽度为

2.5mm，白色间隔宽度为 6mm，将其打印到打印纸上作为目标图像。调整暗箱照度为 2.1×10^{-4}lx，将图像固定在实验平台的载物台上，通过二维导轨移动对图像采样，图像被平均分成 16 行 42 列，记录下各采样点的光子计数值。利用建立的光子计数值与灰度之间的对应关系，得到光子计数图像，如图 5.14 所示。通过设置阈值对图 5.14 处理后得到图 5.15。部分采样点输出的光子计数值如图 5.16 所示。

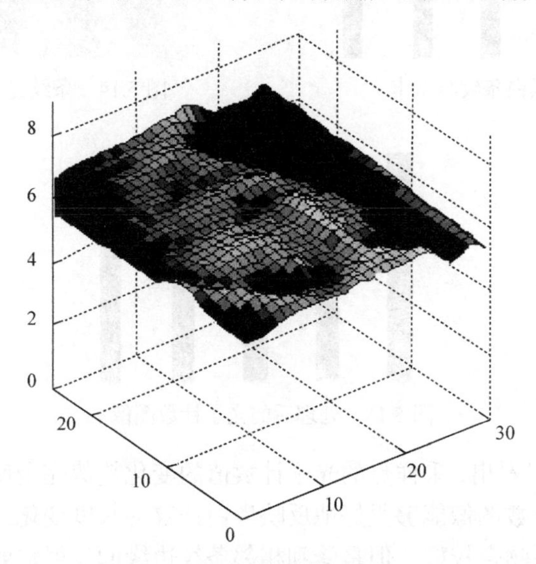

图 5.11　光子计数图像的三维显示

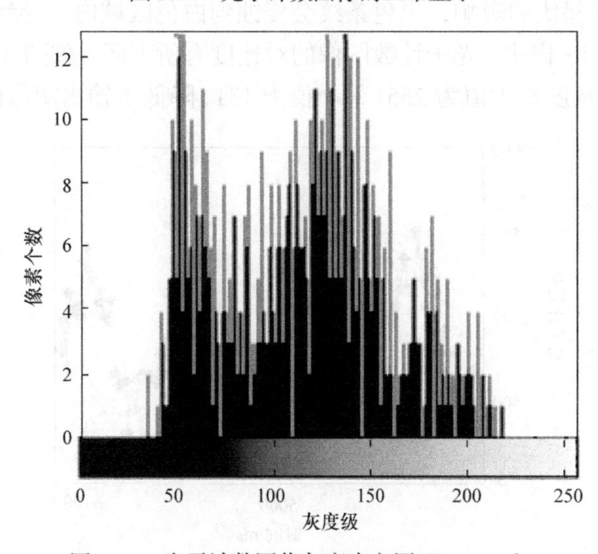

图 5.12　光子计数图像灰度直方图@2.3×10^{-5}lx

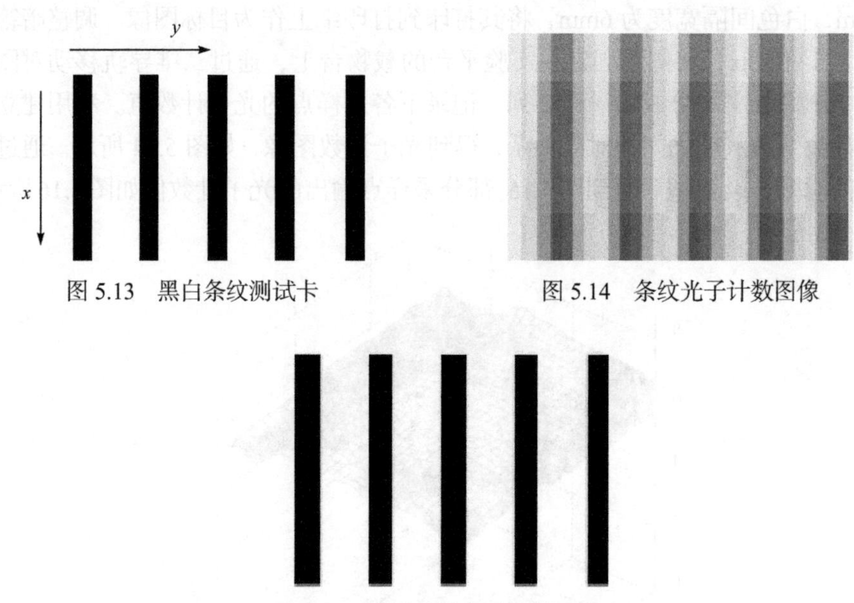

图 5.13　黑白条纹测试卡

图 5.14　条纹光子计数图像

图 5.15　处理后的光子计数图像

由图 5.16 可以看出，采样点的光子计数值的变化趋势完全反映了黑白条纹的变化，所以光子计数图像能够很好地反映黑白条纹的灰度变化，光子计数值与图像灰度的对应关系吻合较好。但是受到相邻条纹边缘的反射辐射、光子的波粒二象性和光场强度起伏的影响，黑色条纹会侵蚀到白色区域内，导致黑白分界线边缘模糊。与图 5.13 相比，光子计数图像的对比度有所下降。如图 5.17 所示，灰度范围较为集中，灰度最大值为 255，最小值为 131，降低了输出图像的对比度范围。

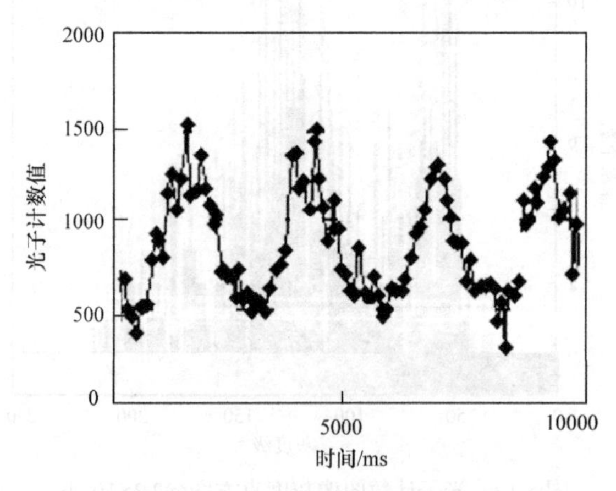

图 5.16　部分采样点的光子计数值

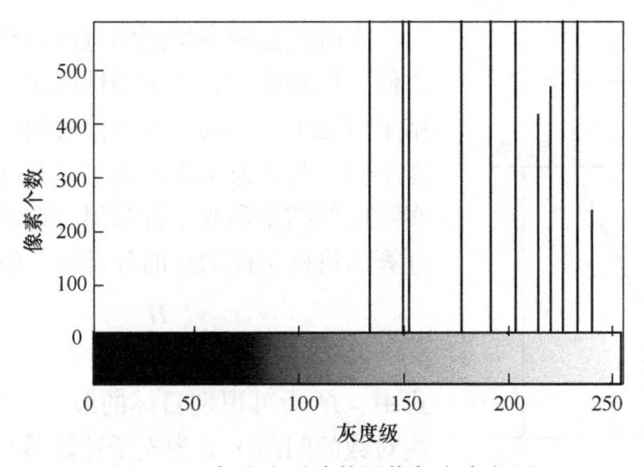

图 5.17　条纹光子计数图像灰度直方图

调整暗箱照度值为 4.97×10^{-5}lx，打印分辨率靶标图像，如图 5.18 所示，该分辨率靶标是根据美国空军 1951 年制定的分辨率标准(USAF 1951)制作的分辨率检测板。检测板包含了不同空间频率的明暗条纹，分别赋予了不同的组号和单元号。观察者通过观测成像图片，仔细识别出系统所能分辨的最细条纹，记录下该条纹的组号和单元号，通过计算或查表能够得到该条纹的对应空间频率。因为载物台的尺寸有一定限制，需要对原靶标适当剪裁和处理。设置点采样周期为 130ms，在 GM-APD 微光成像实验平台上对分辨率靶标扫描成像。图 5.19 为分辨率靶标所成的光子计数图像，图中光子计数图像上的随机噪声较为明显，其中量子的涨落噪声服从泊松分布，它和热噪声一样，具有很宽的频谱，属于白噪声。其噪声方差与光子图像强度成正比，使得部分有用信号被淹没在噪声中，影响到光子计数成像的分辨力。图 5.20 是对图 5.19 进行图像处理后的结果。

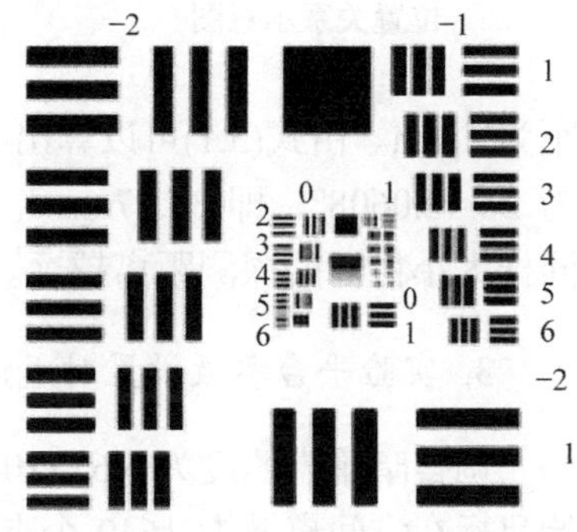

图 5.18　分辨率靶标

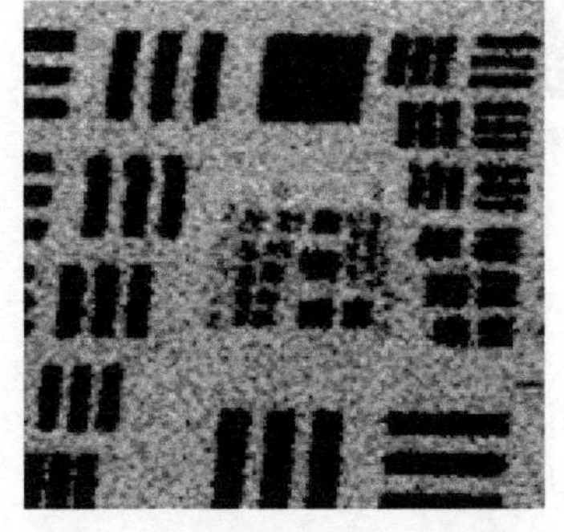
图 5.19　分辨率靶标的光子计数图像

图 5.20　处理后的光子计数图像

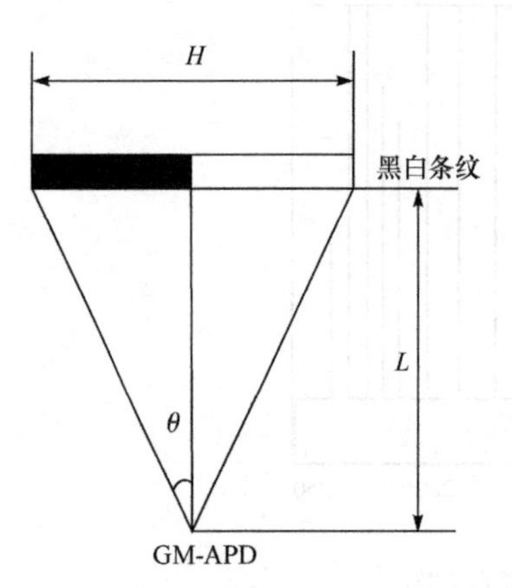

图 5.21　GM-APD 与黑白条纹位置关系示意图

人眼直接观察检测图得出分辨率的方法虽然方便，但却存在人的主观性因素，不同人的观测结果可能不同，同一人不同时间的观测结果也可能不同。为了避免人眼观测主观性的缺点，根据实际成像结果和光子计数器与探测面的距离可以计算出目标至探测点的分辨角，如图 5.21 所示。

$$\theta = \frac{H}{2L} \tag{5.1}$$

式中，H 为可识别目标的最小尺寸(辨认的最小线对数的间距)；L 为光子计数器与目标之间的距离。因为光子计数器与安装基准之间的距离为 12.8mm，掩模板厚度为 3mm，目标与掩模板的距离为 12mm，测量的实际可分辨的最小线对数间距为 1mm。由式(5.1)可以算出 GM-APD 光子计数成像实验平台的最小可分辨角为 2θ=2.0608°，即 35.97mrad。分辨角越小，表示具有更好的分辨能力，并且对同样大小目标的探测距离越远。

3. 实验平台参数设置对成像质量的影响

调整暗箱内照度为 6.67×10^{-4}lx，启动实验平台，设置采样时间为 10ms，将原始目标在空间离散为 1640 个点，横向 41 行，纵向 40 行。在相同条件下重复 4 次实验，得到 4 帧图像序列，如图 5.22(a)所示。分析图 5.22(a)中的图像，每帧图像的光子数为 22000 个左右，如第一帧为 22436 个，第二帧为 22720 个。由图 5.23(a)可知，第一帧光子计数图像包含 38 个灰度级。虽然能识别出目标轮廓，但是图像较模糊。

 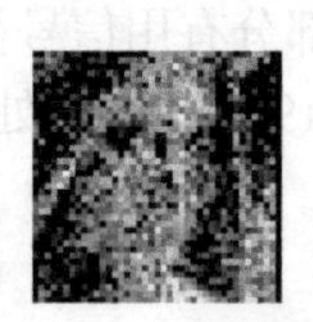 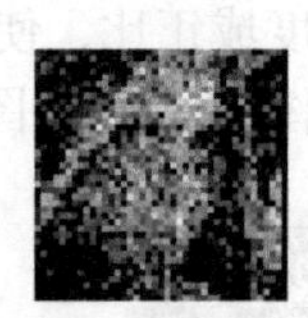 

(a) 4帧光子计数图像

(b) 4帧累加的光子计数图像

图 5.22　光子计数图像及其累加图像(t=10ms)

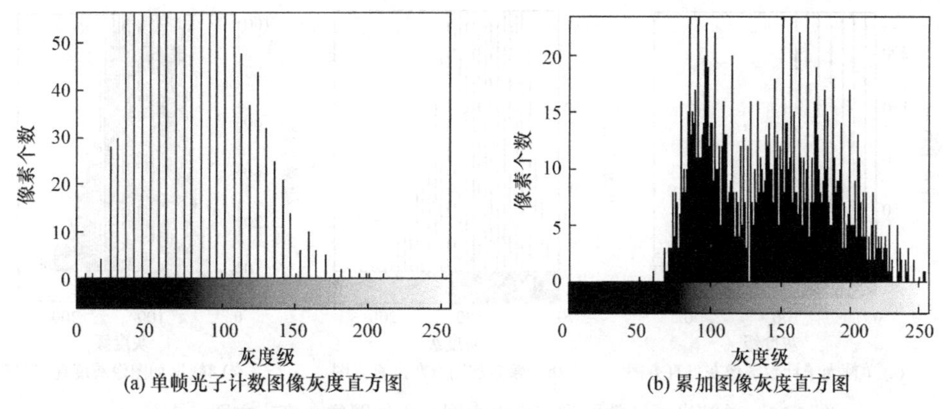

(a) 单帧光子计数图像灰度直方图　　(b) 累加图像灰度直方图

图 5.23　单帧光子计数图像灰度直方图与多帧累加图像灰度直方图(t=10ms)

为了在低照度环境下提高目标的成像质量，先将获得的光子计数数据进行多帧累加和归一化处理，再将光子计数图像显示出来，如图 5.22(b)所示的多帧累加图像。

由图 5.23(b)统计得到累加的光子计数图像包含 156 个灰度等级，较累加前多了 118 个等级。对静态图像序列，利用各帧信号的相关性和噪声的不相关性，采用序列图像多帧累加技术，可以大大改善图像的信噪比，提高清晰度。所以累加后的图像噪声明显降低，且累加获得的图像灰度层次较丰富，图像较细腻，可以较好地反映原始图像中的信息。平台单帧采样时间 t=10ms，帧频为 100 帧/s。若忽略图像处理时间，将 4 帧累加处理后的输出作为光子计数图像结果，其帧频为 25 帧/s。

如果设置采样时间为 2.6ms，采样点为 4422 个，每帧获得 67×66 的二维数字矩阵。在 6.67×10^{-4}lx 照度条件下重复 8 次实验，得到 8 帧图像序列，如图 5.24(a)所示。分析图 5.24(a)中的图像，每帧图像的光子数为 17000 个左右。由图 5.25(a)可知，第一帧光子计数图像包含 18 个灰度等级。

(a) 8帧光子计数图像

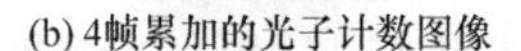

(b) 4帧累加的光子计数图像　　(c) 8帧累加的光子计数图像

图 5.24　8 帧光子计数图像及其累加图像(t=2.6ms)

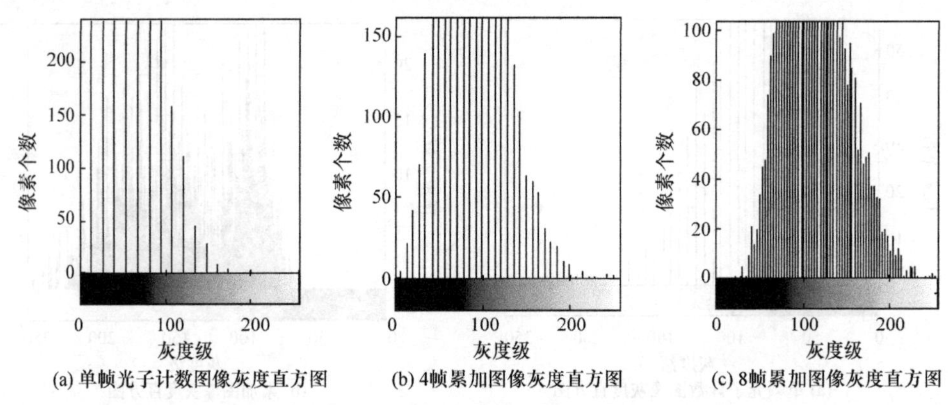

(a) 单帧光子计数图像灰度直方图　(b) 4帧累加图像灰度直方图　(c) 8帧累加图像灰度直方图

图 5.25　单帧光子计数图像灰度直方图与累加图像灰度直方图(t=2.6ms)

由图 5.24(a)可以看出，每帧光子计数图像的光子数较 t=10ms 时的光子数少，为 t=10ms 时光子数的 77%，整体图像较暗，图像层次较少，只能模糊看出原始图像轮廓。实验平台单帧采样时间 t=2.6ms，帧频为 385 帧/s。经 4 帧累加处理后得图 5.24(b)。图像灰度如图 5.25(b)所示，由 18 级提高为 36 级，图像质量得到一定程度的改进，帧频约为 96 帧/s，目标轮廓较为清晰。若进一步提高图像清晰度，增加累加图像帧数，可以达到较好的效果，如累加 8 帧后得图 5.24(c)。图 5.25(c)中灰度包含 73 个等级，图像质量有较大提高，帧频约为 48 帧/s，可以辨认所识别目标的具体细节。

如果设置采样时间为 780μs，采样点仍为 4422 个。在 6.67×10^{-4}lx 照度条件下重复 8 次实验，得到 8 帧图像序列，如图 5.26(a)所示。统计得到每帧图像的光子数约为 4980 个。

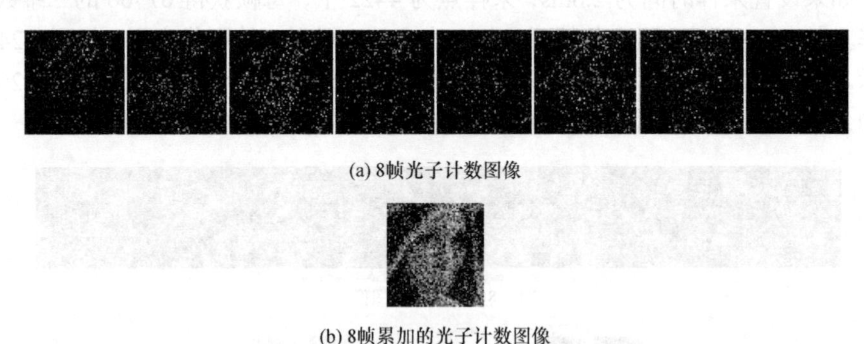
(a) 8帧光子计数图像

(b) 8帧累加的光子计数图像

图 5.26　单帧光子计数图像及其累加图像(t =780μs)

由图 5.26 和图 5.27 可知，如果降低采样时间为 780μs，得到的光子数仅占采样时间 t=10ms 时所得光子数的 20%，占采样时间 t=2.6ms 时所得光子数的 29%，只根据一帧光子计数图像几乎识别不出原始图像信息。每帧光子计数图像仅包含

9 个灰度等级。此时，帧频为 1282 帧/s。通过 8 帧累加，灰度等级提高到 24 个，可以依照目标轮廓和特征识别其类型，帧频约为 160 帧/s。

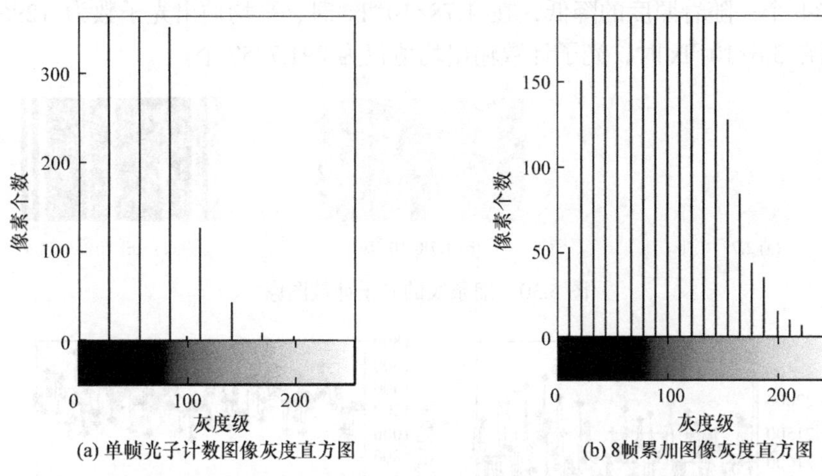

图 5.27　单帧光子计数图像灰度直方图与 8 帧累加图像灰度直方图(t=780μs)

由以上实验可知，光子计数图像叠加的帧数越多，图像质量效果越好，但增加帧数也增加了采样时间和图像位置的不准确性。从实际应用角度考虑，希望得到较好图像效果的同时，图像处理的时间越短越好，所以选择合适的叠加帧数对提高成像平台的成像速度十分重要。依据微光成像的流程及观测效果(图 5.28)，探测目标分为三种等级，即发现、识别和辨认，应根据实际需要选择合理的累加帧数，以保持较高的成像质量和较快的成像速度。

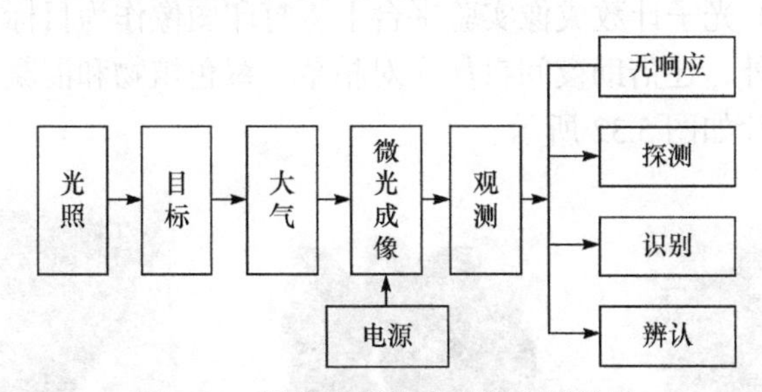

图 5.28　微光成像的流程及观测效果

改变暗箱照度分别为 2.7×10^{-3}lx、1.78×10^{-4}lx 和 3.6×10^{-5}lx，单点采样时间设置为 1s，扫描如图 5.29 所示的细条纹得到光子计数图像，如图 5.30 所示。

图 5.29　目标条纹图像

由图 5.30 可知，当光照较强，为 2.7×10^{-3}lx 时，光子计数图像整体亮度较高，图像灰度值大都集中在高灰度区域且灰度层次不分明。照度降低后，图像灰度较

2.7×10^{-3}lx 时均匀，图像灰度等级增加，看起来较为柔和。光照改变得到的部分光子计数输出值如图 5.31 所示，照度为 2.7×10^{-3}lx 时，平均光子计数输出值为 21121.34 个；随着照度的降低，在 1.78×10^{-4}lx 时，平均输出光子数为 1296.448 个；而在 3.6×10^{-5}lx 时，光子计数输出均值仅为 291.7857 个。

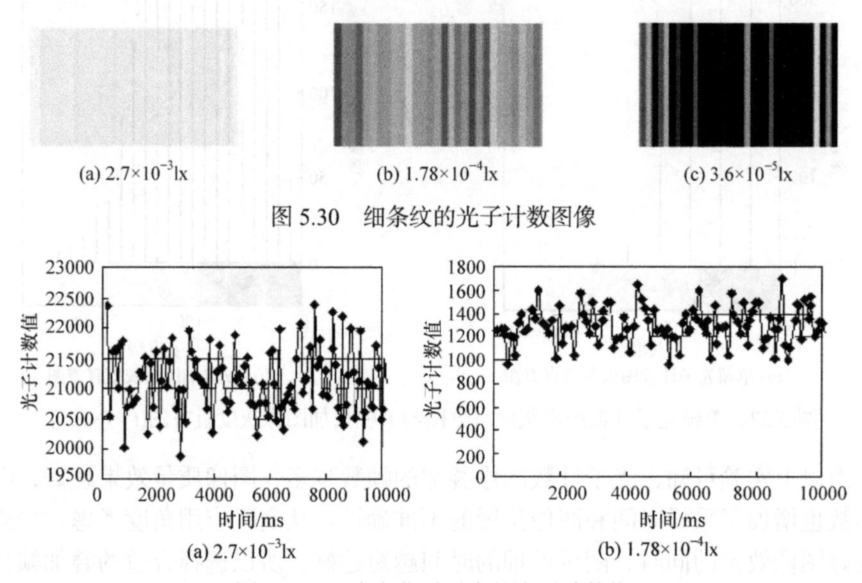

(a) 2.7×10^{-3}lx　(b) 1.78×10^{-4}lx　(c) 3.6×10^{-5}lx

图 5.30　细条纹的光子计数图像

(a) 2.7×10^{-3}lx　(b) 1.78×10^{-4}lx

图 5.31　照度变化时对应的光子计数值

4. 实物成像实验

在 GM-APD 光子计数成像实验平台上将打印图像作为目标景物得到了良好的成像结果。此外，还借助夜间自然光对枯草、绿色植物和混凝土进行了实物成像实验。实物照片如图 5.32 所示。

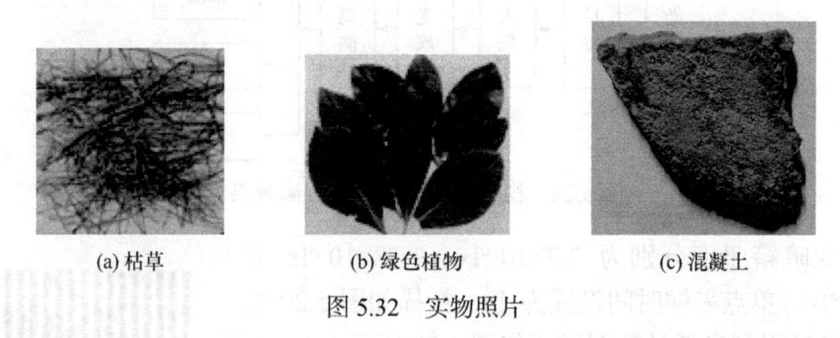

(a) 枯草　(b) 绿色植物　(c) 混凝土

图 5.32　实物照片

将实物分别固定在平台的载物台上，根据实物尺寸设置半宽高，其中枯草半宽高分别为 10mm 和 10mm，其他实物半宽高分别为 20mm、20mm。用微光照度计测试自然环境照度为 3.28×10^{-4}lx，设置扫描时间均为 650ms，扫描间隔为

0.5mm。按照平台的操作步骤分别对实物进行成像实验。实验过程中，除了在夜天自然光全光谱波段下成像外，还在掩模板前加装中心波长分别为 610nm 和 470nm 的滤光片，观察各类实物在红光波段和蓝光波段的成像变化，得到的光子计数图像如图 5.33 所示。

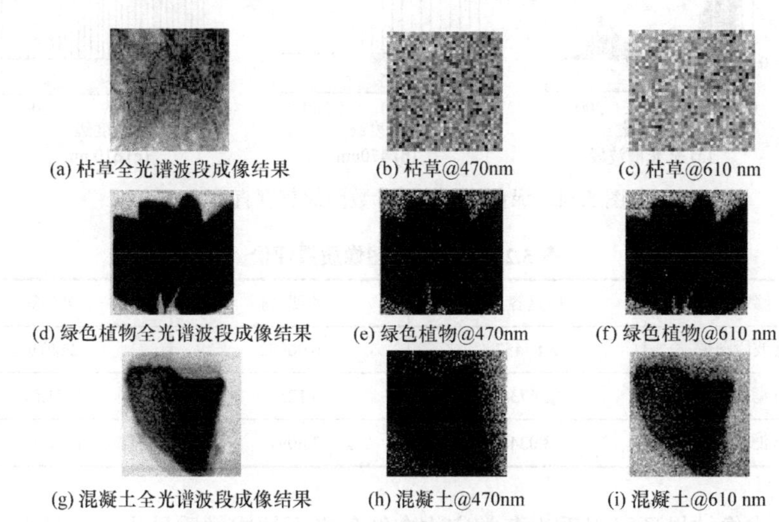

(a) 枯草全光谱波段成像结果
(b) 枯草@470nm
(c) 枯草@610 nm
(d) 绿色植物全光谱波段成像结果
(e) 绿色植物@470nm
(f) 绿色植物@610 nm
(g) 混凝土全光谱波段成像结果
(h) 混凝土@470nm
(i) 混凝土@610 nm

图 5.33　实物的光子计数图像

由图 5.33 可知，目标景物在夜天全光谱波段可以充分利用自然光的光谱能量，光谱利用率高，较在 470nm 和 610nm 下的成像结果清晰，噪声少，图像质量高。在 470nm 和 610nm 波长下成像，由于光谱范围窄，景物自身反射辐射的能量较少，同时降低了 GM-APD 的光谱响应范围，生成的光子计数图像噪声大，图像较模糊。如图 5.34 所示为绿色植物光子计数图像灰度直方图，在不同光谱波段的三种情况下，光子计数图像在夜天全光谱范围内的成像结果灰度等级包含了 170 级，蓝色光波段下包含 19 个等级，红色光波段下包含 33 个等级。因此，全光谱波段下的光子计数图像细腻，灰度层次分明。采用图像的客观评价指标对绿色植物在三种环境下得到的光子计数图像进行评价，结果如表 5.2 所示。其中，信息容量是一种基于二维直方图的数字图像的质量评价指标，它反映了图像中有意义的灰度层次的丰富程度，信息容量较大，表示灰度比较集中。信息熵是指图像所包含的平均信息量的多少，该值越大，表示图像所含信息量越多。图像的均方差反映了图像灰度相对于灰度平均值的离散情况。均方差大，说明图像灰度级分布分散，图像的反差大，图像灰度层次较为丰富，能提供较多的信息；反之，图像反差小，对比度不大。

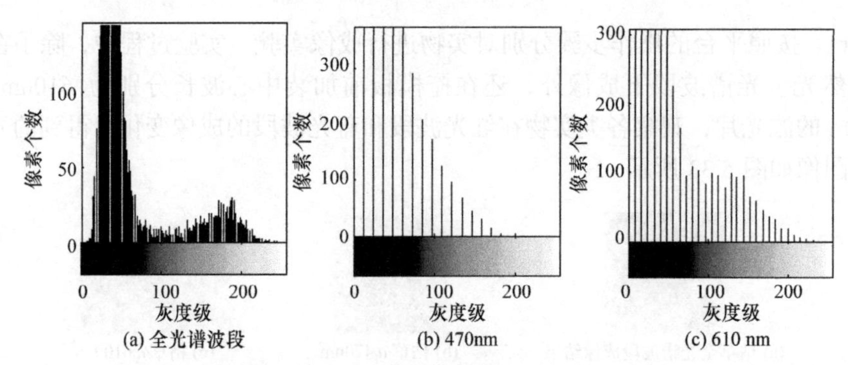

图 5.34　绿色植物光子计数图像灰度直方图

表 5.2　光子计数图像质量评价

光子计数图像	信息容量	信息熵	均方差
全光谱波段图像	3.87457	6.00992	2626.9
通过 470nm 滤光片的图像	2.6734	3.12577	1071.51
通过 610nm 滤光片的图像	3.0348	3.80915	1852.35

通过成像结果还可以看出各类实物在红色光下的成像质量优于蓝色光下的结果。以混凝土为例，如图 5.35 所示，将 GM-APD 与混凝土在夜天光环境下的光谱匹配特性局部放大，显示了在 450nm 和 650nm 之间的光谱匹配结果。在蓝色光下的光谱匹配因子要小于在红色光下的情况，蓝色光下的光谱匹配因子为 0.0075，红色光下的光谱匹配因子为 0.021。因此，蓝色光下 GM-APD 输出的光子计数值较红色光的少。

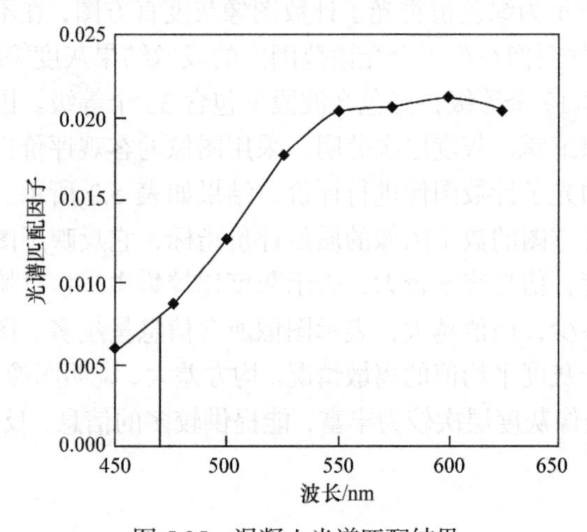

图 5.35　混凝土光谱匹配结果

5.4 本 章 小 结

在对 GM-APD 进行了大量的理论研究之后，以建立的模型和仿真流程为依据，利用 GM-APD 器件的内部高增益、全固态结构、体积小、重量轻、功耗低和难以受到磁场干扰等特点，本章设计并建立了基于 GM-APD 的光子计数成像实验平台。阐述了平台的硬件组成、上位机的功能及实现模块、以 FPGA 为控制器的下位机的功能和软件实现流程。平台调试好后，将探测与控制部分装入暗箱中，借助微光照度计和亮度可调的 LED 光源电路营造出微光环境。利用平台做了大量的实验。首先对平台的照度与光子计数值之间的关系进行了测试，证明两者之间呈分段线性关系。关系曲线可以分为三部分：中间 5.25×10^{-5}～1.05×10^{-2}lx 部分，光子计数值与照度之间具有良好的线性关系；照度小于 5.25×10^{-5}lx 的左端部分，照度与光子计数值也呈线性关系，但是该范围内的直线斜率明显小于中间部分；大于 1.05×10^{-2}lx 照度的右端部分，照度与光子计数值为线性关系，照度值较高，器件渐渐进入饱和工作状态，导致倍增电流的上升趋势有所下降。在 10^{-5}lx 照度下，对打印的图像目标进行实验，得到了图像灰度层次丰富、细节清晰的光子计数图像。因为光子计数成像过程是将目标的光学图像转换成表征为光子计数值的数字量进行处理的，这利于数据的传输、抗干扰能力的提高及与后续设备的接口和处理，可以方便地采用并行处理的方式进行信号全数字化的高速传输、存储和处理。设置光子计数实验平台的采样间隔为 0.05mm，测试了平台的分辨率，得到其最小分辨角为 2.0608°。讨论了采样时间和环境照度的设置对光子计数图像产生的影响。采样时间分别取 10ms、2.6ms 和 780μs，得到了三组反映目标特征的光子计数图像。若采样时间为 10ms，只需要 4 帧累加就可以得到质量良好的成像输出。为了提高帧频，缩短采样时间为 2.6ms，4 帧累加输出可以达到较好的识别效果；8 帧累加后，可以达到辨认图像细节的目的。进一步降低采样时间为 780μs，8 帧的累积结果仍然可以对目标进行识别。因此，根据对目标判断的程度不同(发现、识别和辨认)，可以选择适合的累加帧数，以实现对目标不同等级的探测，同时保证较高的帧频。最后，借助夜间自然光，在 GM-APD 光子计数成像实验平台上对枯草、绿色植物和混凝土进行实物成像实验，获得了清晰、信息量丰富的光子计数图像。

参考文献

艾克聪, 1995. 微光夜视技术的现状和发展设想. 应用光学, 16(3): 11-22

白廷柱, 金伟其, 2006. 光电成像原理与技术. 北京:北京理工大学出版社

程开富, 2004. 微光摄像器件的发展趋势. 电子元器件应用, 6 (10): 7-9

方俊彬, 廖常俊, 魏正军, 等, 2009. 超短光脉冲波形对门模单光子探测的影响. 光子学报, 38(9): 2192-2195

方如章, 刘玉凤, 1988. 光电器件. 北京: 国防工业出版社

龚威, 2007. G-APD 阵列一种具有单光子灵敏度的三维成像探测器. 激光技术, 31(5): 452-455

何伟基, 2009. 电子倍增 CCD 的倍增机制及其在光子计数成像的应用. 南京: 南京理工大学

赫尔齐克 H P, 2002. 微光学元件、系统和应用. 周海宪, 王永年, 程云芳, 等译. 北京: 国防工业出版社

姜德龙, 吴奎, 王国政, 等, 2003. 基于 BCG-MCP 的四代微光像增强技术. 红外技术, 25(6): 45-48

金伟其, 刘广荣, 王霞, 等, 2007. 微光像增强器的进展及分代方法. 光学技术, 30 (4): 460-464

寇松峰, 2010. APD 光子计数成像技术研究. 南京: 南京理工大学

寇松峰, 陈钱, 顾国华, 等, 2008. 基于 APD 阵列的单光子计数成像研究. 半导体光电, 29(6): 968-974

李斌, 2010. 国外夜视技术军事应用现状. 国防技术基础, 11: 60-61

李琦, 迟欣, 王骐, 2006. 基于盖革模式 APD 阵列的单脉冲 3D 激光雷达原理和技术. 激光与红外, 36(12): 1116-1119

李庆喜, 向训清, 崔志刚, 2003. 微弱光成像技术及发展. 信息记录材料, 4 (2): 27-33

刘广荣, 周立伟, 王仲春, 等, 2000. 背照明 CCD 微光成像技术. 红外技术, 22 (1): 8-12

骆冠平, 何开远, 王志宏, 等, 2000. 二代微光像增强器的发展与应用. 红外技术, 22 (2): 7-10

权菊香, 2006. Si-单光子探测器的全主动抑制技术. 激光与光电子学进展, 43 (5): 43-46

邵军虎, 黄涛, 王晓波, 2005. 硅雪崩二极管光子辐射特性的实验研究. 光子学报, 34(3): 354-356

宋述燕, 陈波, 2007. 新型图像传感器 ICCD 的原理及应用. 科技信息, 29: 132-133

苏学征, 2005. EMCCD 技术——单光子水平的成像探测. 现代科学仪器, 2: 51-53

谭显裕, 2001. 微光夜视和红外成像技术的发展及军用前景. 航空兵器, 3: 29-34

陶源, 王平, 尚金萍, 2010. APD 在紫外通信中的应用探讨. 舰船电子工程, 30 (5): 98-101

王丽, 尚晓星, 王瑛, 2007. 微光夜视技术的新进展. 河南科技学院学报, 35(3): 91-93

魏继锋, 张凯, 2007. 光子成像计数技术及其新进展. 激光与光电子学进展, 44 (7): 27-32

吴晗平, 1994. 军用微光夜视系统的现状与研究. 应用光学, 15 (1): 15-19

向世明, 1994. 三代微光和超二代微光夜视技术的研究和开发. 应用光学, 15 (2): 1-5

徐江涛, 张兴社, 2005. 微光像增强器的最新发展动向. 应用光学, 26 (2): 21-23
徐之海, 李奇, 2001. 现代成像系统. 北京:国防工业出版社
张灿林, 陈钱, 周蓓蓓, 2007. 高灵敏度电子倍增 CCD 的发展现状. 红外技术, 29(4): 192-195
张金林, 万蔚, 芮挺, 2009. 基于 EBCCD 的微光成像仿真. 传感技术学报, 22 (8): 1142-1145
张敬贤, 李玉丹, 金伟其, 1995. 微光与红外热成像技术. 北京: 北京理工大学出版社
张鸣平, 张敬贤, 李玉丹, 1993. 夜视系统. 北京: 北京理工大学出版社
张鹏飞, 周金运, 廖常俊, 等, 2003. APD 单光子探测技术. 光电子技术与信息, 16 (6):6-11
张雪皎, 万钧力, 2007. 单光子探测器件的发展与应用. 激光杂志, 28(5): 13-15
周立伟, 1994. 像增强技术的进展. 电子科技导报, 4: 9-11
周立伟, 1998. 夜视像增强器(蓝光延伸与近红外延伸光阴极)的近期进展. 光学技术, 2: 18-27
周立伟, 2001. 光电子成像:回顾和展望. 中国计量学院学报, 12 (2): 25-29
周立伟, 2002. 光电子成像——走向新的世纪. 北京理工大学学报, 22 (1): 1-14
周立伟, 2003. 微光成像技术的发展与展望. 天津: 天津科学技术出版社
周立伟, 刘广荣, 高稚允, 等, 1999. 用于微光摄像的高灵敏度电子轰击电荷耦合器件. 中国工程科学, 1(3):56-62
邹异松, 1997. 光电成像原理. 北京:北京理工大学出版社
左昉, 刘广荣, 高稚允, 等, 2002. 用于微光成像的 BCCD，ICCD，EBCCD 性能分析. 北京理工大学学报, 22 (1):109-113
AIRCY R W, 1990. DQE enhancement of MCP intensifiers for astronomy results of the MICX programme. Proceedings of SPIE, 1235:338-346
ANDOR TECHNOLOGY. iXon EMCCD camera: back-illuminated EMCCD cameras. http:// www.andor.com/scientific_cameras/ixon/
ANDOR TECHNOLOGY. Newton EMCCD and CCD cameras: a new approach to spectroscopy. http://www.andor.com/scientific_cameras/newton/
BELLIS S, WILCOCK R, JACKSON C, et al., 2006. Photon counting imaging: the digital APD. Proceedings of SPIE, 6068:1-10
BIBER A, SEITZ P, JACKEL H, 2000. Avalanche photodiode image sensor in standard BiCMOS technology. IEEE transactions on electron devices, 47 (11):2241-2243
CHANG B K, 1994. Study of control principles photocathode composition of the supersecond generation image intensifier. Acta optica sinica, 14(2):193-197
COSTELLO K, DAVIS G, WEISS R, et al., 1991. Transferred electron photocathode with greater than 5% quantum efficiency beyond 1 micron. Proceedings of SPIE, 1449:40-45
CSORBA I P, 1990. Selected papers on image tubes. Bellingham: The Optical Engineering Press
DUPUY J, SCHRIJVERS J, WOLZAK G, 1989. XXl6l0: the super second generation image intensifier. Proceedings of SPIE, 1072:13-18
FORDHAM J L A, 1989. Astronomical performance of a micro-channel plate instensified photon counting detector. Monthly notices of the royal astronomical society, 237:513-521
HOWORTH J R, HOKOM R, HAWTON Z, et al., 1980. Exploring the limits of performance of third generation image intensifiers. Vacuum, 30 (11):551-555

JACK M, ASBROCK J, ANDERSON C, et al., 2001. Advances in linear and area HgCdTe APD arrays for eye safe LADAR sensors. Proceedings of SPIE, 4454:198-211

JACKSON C, MATHEWSON A, 2005. Improvements in silicon photon counting modules. Proceedings of SPIE, 5726:69-76

JACKSON J C, DONNELLY J, O'NEILL B, et al., 2003. Integrated bulk/SOI APD sensor: bulk substrate inspection with Geiger-mode avalanche photodiodes. Electronics letters, 39(9):735-736

JACKSON J C, HURLEY P K, LANE B, et al., 2002. Comparing leakage currents and dark count rates in Geiger-mode avalanche photodiodes. Applied physics letters, 80 (22):4100-4102

JACKSON J C, MORRISON A P, HURLEY P, et al., 2001. Process monitoring and defect characterization of single photon avalanche diodes. ICMTS, 14:165-170

JACKSON J C, MORRISON A P, LANE B, et al., 2000. Characterization of large area SPAD detectors operated in avalanche photodiode mode. IEEE LEOS, 1:17-18

JACKSON J C, MORRISON A P, PHELAN D, et al., 2002. A novel silicon Geiger-mode avalanche photodiode. Proceedings of IEDM, 32(2):797-800

JACKSON J C, PHELAN D, MORRISON A P, et al., 2003. Towards integrated single photon counting microarrays. Optical engineering, 42(1):112-118

JENNISON R C, 1999. Relationship between photons and electromagnetic waves derived from classical radio principles. Proceedings of microw antennas propag, 1:91-93

JOHNSON C B, 1998. Review of electron-bombarded CCD cameras. Proceedings of SPIE, 3434:45-53

NICLASS C, ROCHAS A, BESSE P A, et al., 2004. Toward a 3-D camera based on single photon avalanche diodes. Journal of selected topics in quantum electronics, 10(4):796-802

OKEEFFE J, JACSON J, 2006. New developments in photon counting modules. Optical metrology, 1:58-61

PHELAN D, JACKSON J C, REDFERN R M, et al., 2002. Geiger mode avalanche photodiodes for microarray systems. Proceedings of SPIE, 4626:89-97

POLLEHN H K, 1985. Performance and reliability of third generation imaging intensifiers. Advances in electronics and electron physics, 64A:61-69

ROAUX E, RICHARD J C, PIAGET C, et al., 1985. Third generation imaging intensifier. Advances in electronics and electron physics, 64A:71-75

SINORA T W, BENDERB E J, CHAUA T, et al., 2000. New frontiers in 21st century microchannel plate (MCP) technology: bulk conductive MCP based image intensifiers. Proceedings of SPIE, 4128:1-9

SMITH N, COATES C, GILTINAN A, et al., 2004. EMCCD technology and its impact on rapid low-light photometry. Proceedings of SPIE, 5499:162-172

STEINVALL O, CARLSSON T, GRÖNWALL C, et al., 2003. Laser based 3-D imaging: new capabilities for optical sensing——technical overview and research problems. Swedish Defence Research Agency.

SUYAMA M, SATO T, EMA S, et al., 2006. Single-photon-sensitive EBCCD with additional multiplication. Proceedings of SPIE, 6294:629401-6294011

VASILE S, GOTHOSKAR P, FARRELL R, et al., 1998. Photon detection with high gain avalanche photodiode arrays. IEEE transations on nuclear science, 45 (3):720-723

WONG H P, CHANG R T, CRABBE E, et al., 1998. CMOS active pixel image sensors fabricated using a 1.8V 0.25μm CMOS technology. IEEE transactions on electron devices, 45(4):889-894

XU C, ZHANG W Q, CHAN M, 2001. A low voltage hybrid bulk/SOI CMOS active pixel image sensor. Eelectron device letters, 22 (5):248-250